气象远程学习资源建设规范

主编　邹立尧

气象出版社
China Meteorological Press

内容简介

本书分为五部分，包括：气象远程学习资源元数据建设规范、气象远程培训素材库建设规范、气象远程培训课件建设规范、气象远程培训案例编写技术规范、气象远程培训试题库建设规范等12项气象远程培训业务建设规范。为了实现《气象远程学习资源建设规范》的可操作性，编者对技术参数和制作要求等有关事项做了详细地说明，并给出了具体的样例。

本书是全国气象部门教育培训机构开展远程学习资源开发的培训教材，也是其他气象业务人员参与远程学习资源共建共享的培训教材，还可以作为其他行业从事远程教育培训工作人员的参考书。

图书在版编目(CIP)数据

气象远程学习资源建设规范 / 邹立尧主编. — 北京：气象出版社，2019.4

ISBN 978-7-5029-6954-7

Ⅰ.①气…　Ⅱ.①邹…　Ⅲ.①气象学-远程教学-资源建设-规范　Ⅳ.①P4-4

中国版本图书馆 CIP 数据核字(2019)第 073810 号

Qixiang Yuancheng Xuexi Ziyuan Jianshe Guifan

气象远程学习资源建设规范

邹立尧　主编

出版发行：气象出版社
地　　址：北京市海淀区中关村南大街46号　　**邮政编码**：100081
电　　话：010-68407112(总编室)　010-68408042(发行部)
网　　址：http://www.qxcbs.com　　**E-mail**：qxcbs@cma.gov.cn
责任编辑：黄红丽　林雨晨　　**终　　审**：吴晓鹏
责任校对：王丽梅　　**责任技编**：赵相宁
封面设计：博雅思企划
印　　刷：北京中石油彩色印刷有限责任公司
开　　本：787 mm×1092 mm　1/16　　**印　　张**：7
字　　数：111 千字
版　　次：2019年4月第1版　　**印　　次**：2019年4月第1次印刷
定　　价：40.00元

《气象远程学习资源建设规范》
编写人员

主　　编　邹立尧

副 主 编　荆国栋　胡宜昌

参编人员　（按姓氏笔画排列）：

马景奕　王永锋　申耀新　刘晓玲

汤岳华　孙景荣　李焕德　李慧欣

杨　睿　邹立尧　张颂惟　岳宏伟

赵　阳　赵　鹏　赵永明　荆国栋

胡宜昌　侯锦芳　姚海涛　高　婕

崔　颖　彭　茹　储　凌　霍　英

前　言

气象远程教育培训是气象部门全员在职培训及气象行业从业人员自主学习的重要途径，承担着政策宣贯、知识传授、成果推广、经验交流的重大责任。

在气象远程教育培训工作中，气象远程学习资源的开发与建设是一项长期性、基础性工作。当前，在学习资源共建共享的理念引导下，气象教育培训机构或相关单位和个人利用虚拟现实、流媒体、三维动画、网页交互等现代教育技术，开发各种网络学习资源。但是由于制作要求和制作方法上缺乏统一的技术规范，有些已开发的课件不符合气象远程培训平台管理的要求，影响了学习资源的共享。

为最大限度地实现学习资源的共建共享，中国气象局气象干部培训学院组织编制了《气象远程学习资源建设规范》（以下简称“《规范》”），以指导气象教育培训机构或相关单位和个人开发气象远程学习资源。

《规范》的编制根据气象远程教育培训平台的功能设计和运行要求，参考教育部、相关高校及企事业单位的相关标准和规范，针对气象远程学习资源的元数据、课件、素材、案例、试题等内容的建设，提出相应的技术参数和制作要求，以规范学习资源开发者的技术行为，实现各类学习资源在气象远程教育培训平台的共享。

《规范》涉及到气象远程学习资源建设的5个方面共12项具体内容，详见下图。

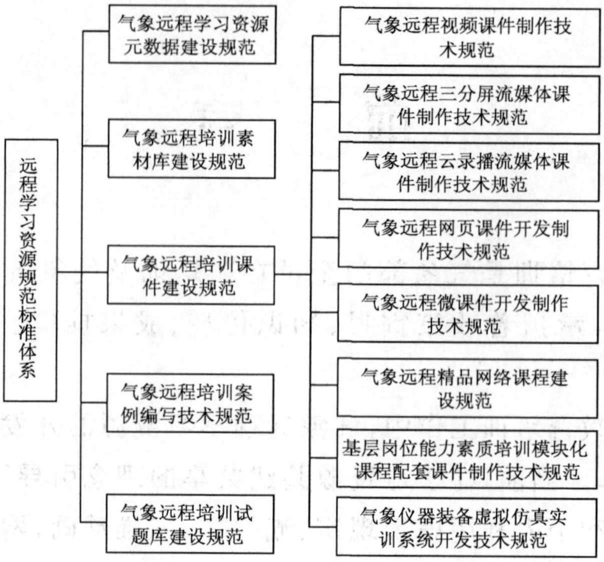

远程学习资源规范标准体系示意图

本书由中国气象局气象干部培训学院组织编写，在全书编写过程中，有关专家对编写内容提出了很多宝贵的意见，王亚光对全书内容进行了审校，在此对他们付出的辛勤劳动表示衷心的感谢。

由于编者水平有限，书中错误和疏漏之处在所难免，恳请专家和读者批评指正。

编　者

2019 年 3 月

目　录

前言
第一部分　气象远程学习资源元数据规范 …………………………（1）
第二部分　气象远程培训素材库建设规范 …………………………（9）
第三部分　气象远程培训课件建设规范 …………………………（21）
气象远程视频课件制作技术规范 …………………………（22）
气象远程三分屏流媒体课件制作技术规范 …………………………（35）
气象远程云录播流媒体课件制作技术规范 …………………………（42）
气象远程网页课件开发制作技术规范 …………………………（48）
气象远程微课件开发制作技术规范 …………………………（60）
气象远程精品网络课程建设规范 …………………………（68）
基层岗位能力素质培训模块化课程配套课件制作技术规范 ………（74）
气象仪器装备虚拟仿真实训系统开发技术规范 …………………（77）
第四部分　气象远程培训案例编写技术规范 …………………………（85）
第五部分　气象远程培训试题库建设规范 …………………………（91）
附录　术语汇总 ……………………………………………………（97）

第一部分

气象远程学习资源元数据规范

中国气象远程教育网

气象远程学习
资源元数据规范

编号:QXYC2018020801

中国气象局气象干部培训学院

1　适用范围

本规范规定了气象行业远程学习资源术语及定义、元数据结构、数据元素属性描述。本规范中的气象行业远程学习资源专指课程/课件。

本规范适用于气象行业远程学习资源的建设、管理和检索。

2　适用对象

气象行业远程学习资源的开发者、学习者和管理者。

3　术语和定义

下列术语和定义适用于本规范。

3.1　元数据

metadata

用于描述学习资源、数据对象、学习技术系统构件特性的结构化数据。

3.2　课件

courseware

在一定的学习理论指导下，根据教学目的设计的、反映某种教学内容与教学策略的计算机软件。

3.3　课程

course

为一个或多个学习者使用而设计的一个完整的教学单元，为它们形成在某一学科的学力或某一套相关任务的能力而提供必要的知识或技能。它可能包含若干课件、测验和相关的学习目标，也可能是某课程体系的一部分。

3.4　必须数据元素

mandatory data element

在数据结构中被定义并且必须在数据结构实例中出现的数据元素。

3.5　可选数据元素

optional data element

在数据结构中被定义但具体事例不一定需要的元素。

3.6 值

value

数据元素数据的取值。与数据元素相关的资料，可作为与其相等的符号，也称数据元素值。

4 元数据结构

4.1 元数据基本结构

本规范规定了描述气象远程学习资源的27个数据元素，可分为三类：

- ●资源内容描述类，包括编号、名称、时长、学时、课件形式、语言、资源类型、资源分类、适用岗位、适用对象、教学目标、主要内容12个数据元素。
- ●知识产权信息类，包括主讲人、主讲人简介、资源来源、公开范围、制作团队、审核人6个数据元素。
- ●外部属性描述类，包括发布时间、制作时间、课件格式、课件大小、上传人、移动平台播放、版本、网址、备注9个数据元素。

其中必须数据元素包括编号、名称、时长、学时、课件形式、语言、资源类型、资源分类、资源来源、适用岗位、适用对象、培训目标、主要内容、移动平台播放14个数据元素，其余13个数据元素为可选数据元素。

4.2 数据元素的属性描述

（有 * 的元素系必须数据元素）

(1)编号 *

描述：由字母和数字组成的编码，具有唯一性。

注解：在气象远程教育网发布学习资源时，系统会按编码规则自动生成。

(2)名称 *

描述：气象远程学习资源中课程或课件的名称。

(3)资源类型

描述：课程/课件

(4)主讲人

描述：授课教师的姓名。

注解：若有多位授课教师，则按章节顺序全部列出。

(5)主讲人简介

描述:描述主讲人的基本情况。

注解:姓名、职称、单位、主要研究方向、主要成果等信息。

(6)时长　*

描述:学习资源的播放和浏览时间长度,单位为“分钟”。

注解:音视频类课件时长按音视频播放时间长度为准;网页交互类课件以浏览课件(音视频时间+文字平均阅读时间)需要花费的时间长度为准,其中文字平均阅读时间按每分钟200字计算。

(7)学时　*

描述:指教学的时间单位。

注解:由教学部门根据教学内容的难易程度、课件时长和考核要求核定,每45分钟1学时为参考,以0.5学时为最小单位进时。

(8)发布时间

描述:学习资源发布的时间,格式为:××××年××月××日。

注解:气象远程教育网将自动记录课件发布时间。

(9)制作时间

课件的实际制作时间,格式为:××××年。

(10)课件形式　*

描述:课件的表现形式。

注解:包括单视频、三分屏流媒体、云录播流媒体、网页类、虚拟仿真和其他形式。

(11)资源分类　*

描述:学习资源所属的类别。

注解:以气象远程教育网中学习资源的分类为准,一个学习资源可以属于多个类别。

(12)资源来源　*

描述:课件的出版单位。

注解:非正式出版的课件需注明版权归属。

(13)公开范围

描述:学习资源公开的范围。

注解:可选择不公开。缺省值为公开。

(14)适用岗位 *

描述:学习资源适用的专业岗位。

注解:专业岗位参照中国气象局人力资源库岗位分类填写。

(15)适用对象 *

描述:学习资源适用的对象。

注解:可填写多个适用对象。

(16)教学目标 *

描述:指教学活动的目的和预期成果。

注解:课程资源须尽可能详细填写,课件资源可适当填写。

(17)主要内容 *

描述:学习资源的重要章节和核心知识点等内容。

注解:以 50～500 字为宜。

(18)课件格式

描述:课件的格式标准。

注解:课件格式分为 SCORM(Shareable Content Object Reference Model,共享内容对象参考模型或共享组件引用模式)、AICC(The Aviation Industry CBT Committee,国际性的培训技术专业性组织)、非标准课件 3 种。

(19)课件大小

描述:课件所占存储空间的大小。

注解:以兆字节(Megabytes,MB)为单位。

(20)制作团队

描述:制作学习资源的团队成员及分工。

注解:包括负责人、策划设计、开发制作和测试等。

(21)审核人

描述:发布学习资源的审核人员。

注解:例如:

内容审核人:×××,×××,……;质量审核人:×××,×××,……。

(22)上传人

描述:上传学习资源的人员。

注解:气象远程教育网发布学习资源时,系统会自动识别上传人。

(23)移动平台播放 *

描述：指是否可在移动平台播放。

注解：选"否"表示不支持移动平台播放。选"是"需进一步填写所支持系统（IOS/Android/其他系统）。

（24）版本

描述：资源发布版本标识。

注解：格式如：V1.0。

（25）语言

描述：学习资源采用的语言。

注解：中文/英文/法文/俄文/西班牙文/阿拉伯文/其他。

（26）网址（URL）

描述：资源页面的链接。（统一资源定位符，Uniform Resource Locator，URL）

注解：资源发布时由系统提供。

（27）备注

描述：学习资源中需特别说明的信息。

注解：例如课件的播放环境要求或版本更新说明。

5　参考文献

[1]中央电化教育馆.基础教育教学资源元数据标准[M].北京：中央广播电视大学出版社，2017.

6　附则

本《规范》由中国气象局气象干部培训学院负责解释。

第二部分

气象远程培训素材库建设规范

中国气象局气象干部培训学院
CMA Training Centre

中国气象远程教育网

气象远程培训
素材库建设规范

编号:QXYC2018020802

中国气象局气象干部培训学院

1　适用范围

本规范规定了气象行业远程教育培训素材库建设的技术行为和制作要求。

本规范适用于气象行业远程学习资源的建设和管理。

2　适用对象

多媒体素材管理系统的使用者和管理者。

远程教育中心及各远程培训二级站课件开发人员。

3　术语和定义

下列术语和定义适用于本标准。

3.1　素材

material

多媒体课件中用到的各种听觉、视觉材料。

3.2　多媒体

multimedia

多种媒体的综合,一般包括文本　声音和图像等多种媒体形式。

3.3　素材库

material library

素材库是指制作多媒体课件的备用资料库,包括完整的、片段的素材的集合。

3.4　脚本

script

指制作音视频、动画、混合型素材等所依据的底本或书稿的底本。

3.5　交互

interactive

交互,即交流互动,为互联网平台的一种功能状态。通过具有交互功能的互联网平台,让用户在上面不仅可以获得相关资讯、信息或服务,还能使用户与用户之间或用户与平台之间相互交流与互动,从而激发出更多的创意、思想和需求等。

3.6 媒体

media

媒体是指传播信息的媒介。它是指人们借助用来传递信息与获取信息的工具、渠道、载体、中介物或技术手段。也可以把媒体看作为实现信息从信息源传递到受信者的一切技术手段。

3.7 关键词

key word

特指单个媒体在制作使用索引时，所用到的词汇。

3.8 分辨率

resolution

单位英寸中所包含的像素点数。

3.9 颜色数

number of colors

指明图形/图像的颜色数或灰度级。

3.10 GB码

GB code

即国家标准代码，简称国标码。

3.11 ASCII编码

ASCII encoding

ASCII(American Standard Code for Information Interchange，美国信息交换标准代码)是基于拉丁字母的一套电脑编码系统，主要用于显示现代英语和其他西欧语言。它是现今最通用的单字节编码系统，并等同于国际标准ISO/IEC 646。

4 素材库建设要求

4.1 总体要求

(1)素材库的素材概念、定义、解释必须科学、准确，避免二义性，其内容来源须为国家教育部的各级各类大纲指定教材或其他与之相符的出处。

(2)素材库中的图表、图像、音频、动画、视频要采用先进、高效、符合国际标准的压缩技术进行压缩，以满足存储和网络传输要求。

(3)素材库中素材的类别主要有：名词概念类素材、符号类素材、原理、定理和定律类素材、表达式类素材、实验类素材、人名类素材、知识点素材、背景资料类素材、说明类素材、历史资料类素材、研究成果类素材、题库类素材、答疑资料类素材或其他素材。

(4)素材库中的素材应说明素材的类别、学科(专业)、适用对象等信息。

(5)素材库中所有素材应具备完整的文字及制作脚本(电子稿)。

(6)素材库内容禁止宣传封建迷信、低级庸俗和反动内容,应有合法的知识产权。

(7)媒体素材按照以下五类媒体类型划分:文本类素材、图形(像)类素材、音频类素材、动画类素材、视频类素材。

4.2　文本素材要求

(1)文本素材的主要类型:优秀教师教案、教材文本、学位论文、学术成果介绍、专业期刊、政策法规、人物说明、历史资料等以文字为媒介的教育参考资料等。

(2)文本素材中汉字采用 GB 码统一编码和存储,英文字母和符号使用 ASCII 编码和存储。

(3)从文本格式角度有 Word,Excel,PPT 等 Office 办公软件,有 txt,pdf 等文件格式类型。

Word,Excel,PPT 等 Office 办公软件:使用 Microsoft Word 创建和编辑信件、报告、Web 页或电子邮件中的文本和图形。Word 是协助我们编辑文字、处理文字的工具,具有强大的文字编辑能力与编排能力。使用 Microsoft PowerPoint 创建和编辑用于幻灯片播映、会议和 Web 页的演示文稿。PowerPoint 可以制作幻灯片、投影片、演示文稿,甚至是贺卡、流程图、组织结构图等。使用 Microsoft Excel 执行计算、分析信息并管理电子表格或 Web 页中的列表。Excel 应用程序可以协助我们进行财务、预算、统计、各种清单、数据跟踪、数据汇总、函数运算等计算量大的工作。

txt:是微软在操作系统上附带的一种文本格式,是最常见的一种文件格式,早在 DOS 时代应用就很多,主要保存文本信息,即为文字的信息,现在的操作系统大多使用记事本等程序保存,大多数软件可以查看,如记事本,浏览器等。

pdf:便携文件格式,是由 Adobe 公司开发的独特的跨平台文件格式。pdf

文件以 PostScript 语言图像模型为基础，无论在哪种打印机上都可保证精确的颜色和准确的打印效果，即 pdf 会忠实地再现原稿的每一个字符、颜色以及图像。

(4)文本素材应具备标注属性，属性编写的格式需要符合表 1 中所列格式。

表 1　文本素材应标注的属性

属性名	数据类型	编写说明
素材编号	Number(10)	素材的唯一标识码；入库时计算自动生成
类型	Char(15)	文本素材所归属的类型
学科(专业)	Char(15)	素材属于哪一个或哪几个学科或专业
适用对象	Char(15)	指明其内容适用于哪个层次的教育对象
来源	Char(200)	指明素材的出处
内容简介	Char(200)	素材简要说明(限 100 个中文字符)
关键词	结构类型	素材内容的关键词(限 5～10 个)
素材编写时间	Data	本素材最早出现时间，格式为××××/××/××，如 1999/11/03
素材编著者	结构类型	素材编著者姓名、单位、联系信息等
素材长度	Number(6)	素材中字符的数目，以汉字字符为准

不同子类型的文本素材，允许一些独有的属性，这些独有的属性由素材采集者自行确定。

4.3　图形(图像)素材

(1)图形/图像素材应采用目前通用的格式处理和存储。由于在 Internet 上通用的格式只有 gif，png，jpg 格式。所有图形/图像都要用这几种格式中的任何一种格式。

(2)彩色图像的颜色数不低于 8 位色数，灰度图像的灰度级不低于 128 级，图形可以为单色。

(3)扫描图像的扫描分辨率不低于 150dpi(dots per inch，每英寸点数)。

(4)图形(图像)的主要类型有：学科符号类、学科仪器类、风景类、人物类、植物类、动物类、建筑类、电器类、计算机类、交通类、标志类、广告类、微生物类、农作物类等。

(5)图形/图像素材应标注的属性如表 2 所示。

表 2　图形/图素材像应标注的属性

属性名	数据类型	编写说明
素材编号	Number(10)	素材的唯一标识码;入库时计算自动生成
类型	Char(15)	素材所归属的类型
学科(专业)	Char(15)	图形/图像属于哪一个或哪几个学科或专业
适用对象	Char(15)	指明其内容适用于哪个层次的教育对象
来源	Char(200)	指明素材的出处
内容简介	Char(200)	素材简要说明(限 100 个中文字符)
关键词	结构类型	素材内容的关键词(限 5～10 个),见结构类型说明
素材编写时间	Date	本素材编写的时间。格式为:××××/××/××,如 1999/11/04
素材编著者	结构类型	编著者姓名、单位、联系信息等
数据量	Number(6)	指明图形/图像数据的大小(字节数)
存储格式	Char(15)	指明文件的图形/图像格式(gif,jpg 等)
分辨率	Char(10)	指明图形/图像的长度(水平方向)、宽度(垂直方向),以像素为单位计,格式如:800P×600P
扫描分辨率	Number(5)	指出图像扫描时使用的精度(dpi)
颜色数	Number(4)	指明图形/图像的颜色数或灰度级

对于一些特殊图形(图像)属性,由素材制作者自行确定。

4.4　音频素材

(1)数字化音频的采样频率不低于 11kHz,量化位数至少为 8 位,声道数建议主为双声道且做混音处理;采样率 48kHz,音频码流率 256Kbps(恒定)。

(2)音频压缩采用 AAC(advanced audio coding,高级音频编码)(MPEG4 Part3)格式,数据存储的主要格式有 WAV,MP3 等格式。

所有音频数据都需要制作成 REAL 流式媒体格式(RAM),若有其他格式的音频数据(WAV,MP3,MIDI 等),则需要提交两份,一份是原格式,一份转换为 REAL 流式媒体格式。

(3)课件使用的语音(speech)采用标准的普通话(英语及民族语言版本除

外)的男声或女声配音,英语使用标准的美式英语男声或女声配音。语音的语调不能过于平淡,应使用适合教学的语调。

未能列入之中的类别,请向标准制定机构提交,审定之后纳入文本素材类型编码表中。

(4)音频素材应标注的属性如表 3 所示。

表 3　音频素材应标注的属性

属性名	数据类型	编写说明
素材编号	Number(10)	素材的唯一标识码;入库时计算自动生成
类型	Char(15)	音频素材所归属的类型
学科(专业)	Char(15)	素材属于哪一个或哪几个学科或专业
适用对象	Char(15)	指明其内容适用于哪个层次的教育对象
来源	Char(200)	指明素材的出处
内容简介	Char(200)	素材简要说明(限 100 个中文字符)
关键词	结构类型	素材内容的关键词(限 5~10 个)
素材编写时间	Date	本素材最早出现时间,格式:××××/××/××,如 1999/01/11
素材编著者	结构类型	素材编著者姓名、单位、联系信息等
数据格式	Char(15)	WAV、MP3、MIDI 格式或流式媒体格式
数据量	Number(8)	指明音频数据的大小(K 字节数)
采样频率	Number(4,4)	数字化音频数字化过程的采样频率,以 kHz 为单位
量化位数	Number(3)	数字化音频数字化过程的量化精度
声道数	Number(1)	采样声道数
情感类型	Char(15)	音频的情感取向
播放时间	Number(4)	以秒(s)为单位,播放时间应≤6000s

对于一些特殊音频属性,由素材制作者自行确定。

4.5　视频素材

(1)视频格式支持:rmvb,3gp,mpg,mov,wmv,avi,mkv,mp4,flv,vob,mpeg,f4v。视频制作需使用 H.264 编码,方能保证视频转码后与原视频达到

分辨率 1280P×720P。

(2)稳定性：全片图像同步性能稳定，无失步现象，CTL 同步控制信号必须连续；图像无抖动跳跃，色彩无突变，编辑点处图像稳定。

(3)信噪比：图像信噪比≥55dB，无明显杂波。

(4)色调：白平衡正确，无明显偏色，多机拍摄的镜头衔接处无明显色差。

(5)视频电平：视频全信号幅度为 $1V_{p-p}$，最大不超过 $1.1V_{p-p}$。其中，消隐电平为 0V 时，白电平幅度 $0.7V_{p-p}$，同步信号－0.3V，色同步信号幅度 $0.3V_{p-p}$(以消隐线上下对称)，全片一致。

(6)视频画幅宽高比：宽高比为 16∶9；在同一课程中，各讲应统一画幅的宽高比，不得混用。

(7)视频压缩采用 H.264(MPEG-4 Part10：profile＝main，level＝3.0)编码方式。提供码流率 15Mbps 以上的原片，帧率≥60fps(frames per second，帧每秒)，分辨率应≥1280P×720P，视频格式为采用 MP4 格式。

(8)视频素材类型：娱乐类视频、教学视频、实验视频等。

(9)视频类素材标注属性如表 4 所示。

表 4　视频素材应标注的属性

属性名	数据类型	编写说明
素材编号	Number(10)	素材的唯一标识码；入库时计算自动生成
类型	Char(15)	视频素材所归属的类型
学科(专业)	Char(15)	素材属于哪一个或哪几个学科或专业
适用对象	Char(15)	指明其内容适用于哪个层次的教育对象
来源	Char(200)	指明素材的出处
内容简介	Char(200)	素材简要说明(限 100 个中文字符)
关键词	结构类型	素材内容的关键词(限 5～10 个)
素材编写时间	Date	本素材最早出现时间，格式：××××/××/××，如 1999/01/11
素材编著者	结构类型	素材编著者姓名、单位、联系信息等
数据格式	Char(15)	AVI，MPEG，QuickTime 格式或流式媒体格式
数据量	Number(5)	视频数据按字节计算的长度
帧数	Number(5)	视频素材中的帧总数目

表 4　视频素材应标注的属性(续)

属性名	数据类型	编写说明
关键帧	Binary	具有代表性的帧
帧规格	Char(10)	最大帧的长度与宽度,以像素计,格式如 640P×480P
情感类型	Char(15)	视频的情感取向
播放时间	Number(4)	以秒(s)为单位,播放时间应≤6000s
采样频率	Number(4)	数字化时的采样频率,以 MHz 为单位
采样格式	Char(15)	采样格式类型

对于一些特殊视频属性,由素材制作者自行确定。

4.6　动画素材

(1) 动画素材使用的格式为 GIF 格式和 Flash 格式、AVI 动画格式、FLI/FLC 动画格式或 QuickTime 动画格式。

所有动画数据都需要制作成 GIF 格式或 Flash 格式,若有其他格式的音频数据(AVI、FLI/FLC、MOV 等),则需要提交两份,一份是原格式,一份转换为 GIF 格式或 Flash 格式。

(2)动画色彩造型应和谐,帧和帧之间的关联性要强。

(3)动画类型:教学动画、游戏动画、实验动画等,未能列入之中的类别,应向本规范制定机构提交,审定之后纳入文本素材类型编码表中。

(4)典型的动画格式 Flash:是一种动画创作与应用程序开发于一身的创作软件,是由 Macromedia 公司推出的交互式矢量图和 Web 动画的标准。

(5)动画素材应具备表 5 中的属性。

表 5　动画素材应标注的属性

属性名	数据类型	编写说明
素材编号	Number(10)	素材的唯一标识码;入库时计算自动生成
类型	Char(15)	动画素材所归属的类型
学科(专业)	Char(15)	素材属于哪一个或哪几个学科或专业
适用对象	Char(15)	指明其内容适用于哪个层次的教育对象

表 5　动画素材应标注的属性(续)

属性名	数据类型	编写说明
来源	Char(200)	指明素材的出处
内容简介	Char(200)	素材简要说明(限 100 个中文字符)
关键词	结构类型	素材内容的关键词(限 5～10 个)
素材编写时间	Date	本素材最早出现时间,格式:××××/××/××,如 1999/01/11
素材编著者	结构类型	素材编著者姓名、单位、联系信息等
格式	Char(15)	GIF,flash,AVI,FLI/FLC 或 QuickTime 格式
数据量	Number(8)	按字节计算的数据长度
帧数	Number(5)	动画中的帧(frame)数目
帧规格	Char(10)	最大帧的长度与宽度,以像素计,格式如 640P×480P
情感类型	Char(15)	动画的情感取向
关键帧	Binary	具有代表性的帧画面

对于一些特殊动画属性,由素材制作者自行确定。

4.7　综合型素材

4.7.1　流媒体三分屏

三分屏课件,是指把屏幕分成了三个区域,一个区域显示音频或视频,一个区域显示标题或索引,一个区域显示内容。播放的音频或视频是教师上课时的课堂实录。标题或索引主要存放 TOC(table of content,可跳转的标题目录)的内容,学员可以通过点击该区域的标题来控制视频和讲义区的播放进度,内容区主要是电子讲义,包括 PPT 幻灯片或 Word 文档等形式。三分屏课件利用流媒体格式处理过的视频、音频,有效地解决了网速问题,保证用户有一个流畅的软件环境。

4.7.2　流媒体

流媒体是指以流的方式在网络中传输音频、视频和多媒体文件的形式。

流媒体文件格式是支持采用流式传输及播放的媒体格式。流式传输方式是将视频和音频等多媒体文件经过特殊的压缩方式分成一个个压缩包,由服务器向用户计算机连续、实时传送。在采用流式传输方式的系统中,用户不必像非流式播放那样等到整个文件全部下载完毕后才能看到当中的内容,而是只需要经过几秒钟或几十秒的启动延时即可在用户计算机上利用相应的播放器对压缩的视频或音频等流式媒体文件进行播放,剩余的部分将继续进行下载,直至播放完毕。

4.7.3 网页交互

浏览者根据网页显示的内容选择自己需要的东西,或者填入相关的资料,而服务器会根据浏览者不同的选择,提交不同的数据,而产生不同反应,例如跳转到不同的网页,或者相同的网页显示不同的内容。

4.7.4 综合型描述信息

目前综合型素材主要有:流媒体三分屏、流媒体、Flash、网页交互、文字资料及其他。

其中,流媒体三分屏、流媒体课件需要对其审核是否符合课件上传格式。

(1)教学平台上传的三分屏流媒体课件分为带视频和不带视频 2 种。①带视频的课件,要求将其视频文件压缩为比特率 128Kbps;②不带视频的课件,要求拆分出纯音频文件,三分屏的视频窗播放教师图片。

(2)外购的光盘课件需将其转为 MP4 等格式的文件再上传。

5 附则

本《规范》由中国气象局气象干部培训学院负责解释。

第三部分

气象远程培训课件建设规范

中国气象远程教育网

气象远程视频课件制作技术规范

编号:QXYC2018020803

中国气象局气象干部培训学院

1 适用范围

本规范规定了气象行业远程教育视频课件开发的技术行为和制作要求。

本规范适用于气象行业远程学习资源的建设和管理。

2 适用对象

气象行业远程视频课件的开发者和管理者。

3 术语和定义

下列术语和定义适用于本规范。

3.1 单机版课件

stand-alone courseware

单机版课件是指仅能单机运行的多媒体课件。

3.2 网络版课件

Web-based multimedia courseware

网络版课件是指在网络上发布运行的多媒体课件。基于 Internet 传输的、包括流媒体格式的视频信息的网络课件统称为网络版课件。其主要分类有:(1)纯音、视频流媒体课件;(2)三分屏流媒体课件;(3)一般网络课件。

3.3 一般网络课件

general network courseware

一般网络课件是指利用 Web 技术,基于 B/S 模式开发,能在 Internet 或 Intranet 上发布、运行,综合运用音频、视频、图文、动画以及虚拟现实等技术制作,具有交互性而用于教学的多媒体课件。其本质是一种 Web 应用程序。

3.4 比特率

bit rate

比特率是指在单位时间(常以秒计)内传输的平均比特数。单位为 bps (bit per second)。

3.5 视频比特率(码流)

video bit rate

视频比特率是指图像的传送指标。比特率的高低决定了视频传送的数据量和视频质量。比特率越高,传送的数据越大,视频质量越好。

3.6 关键帧

key frame

角色或者物体运动或变化中的关键动作所处的那一帧。

3.7 帧率

frame rate

用于测量显示帧数的量度。所做的测量单位为：帧每秒(frames per second,fps)或"赫兹"(Hz)。

3.8 屏幕分辨率

screen resolution

确定计算机屏幕上显示多少信息的设置，以水平和垂直像素来衡量。

4 课件基本要素要求

4.1 分辨率要求

录制的原始素材的分辨率要尽最大能力保持高分辨率，最好是高清格式；在编辑完成创建视频文件时，要选择高清格式。如果原始素材的分辨率低，即使选择了高清格式，制作出来的视频，最好也只能达到原始素材的清晰度。

4.2 录制环境要求

在演播室或其他录制环境中，要求光照充足、均匀，人体面部光线柔和、清楚，人体线条轮廓清晰。录制环境必须具有隔音功能，收音效果，使录制课件无杂音，从而保证录制课件的质量。

4.3 录制图像要求

(1)画面比例 16∶9。

(2)分辨率 1280P×720P 以上。

(3)图像画面稳定，无抖动、闪烁，画面清晰、层次分明、色彩还原正常。

(4)禁止出现加帧、跳帧、黑场、彩条。

4.4 拍摄要求

(1)镜头能及时准确反映教学内容，无跳轴、景别重复等硬伤。

(2)图像信噪比不低于55dB,无明显杂波。

(3)白平衡正确,无明显偏色,多机拍摄的镜头衔接处无明显色差。

(4)构图合理、美观,满足教学需要。

(5)布光均匀,保证大屏幕区域、黑板区域、讲台区域的光线均匀和充足,背景区域不能有阴影。主讲教师脸部在三个区域内都不能够有阴影。

(6)演示文稿不得直接用摄像机拍摄,可用相关设备将VGA信号转换为视频信号或后期插入。

4.5　声音要求

(1)教师讲课声音要清晰。

(2)音频信号电平值保持在－8dB～－20dB,不应过大或过小,要基本保持一致。

(3)音频由左右两个声道录制。CH1和CH2音频内容一致。

(4)声画同步、音频无失真。

(5)没有明显背景噪声、杂音,如教师走动、翻动讲稿、碰撞等杂音。

5　制作技术要求

5.1　总体要求

(1)视频公开课要加入片头片尾,片头第一屏为课件名称、教师姓名、制作单位,第二屏为执教教师简介(200字以内);片尾第一屏要有总策划、监制、摄像、后期制作、技术审核,第二屏制作单位和制作时间,片头片尾均用黑底或蓝底白字。

(2)视频公开课的每个重要环节要在画面底部加字幕提示。如“热身练习”“重点标识”等。

(3)视频压缩采用H.264(MPEG-4 Part 10:profile＝main,level＝3.0)编码方式,动态码流率不低于1024Kbps,帧率不低于25fps,分辨率1280P×720P(16∶9)。

(4)音频采集推荐使用双声道,采样率不低于44.1kHz,压缩采用ACC(MPEG-4 Part3)格式,码流率不低于128Kbps。

(5)封装格式:采用MP4格式封装。(视频编码格式:H.264/AVC(MPEG-4 Part10);音频编码格式:AAC(MPEG4 Part3)),大小不超过1MB。

5.2 录制前要求

在正式启动课件录制前1个月，必须上交15分钟左右的样片，由专家审核通过后才可进行正式录制。

5.3 课件时长要求

按章节进行划分，单个课件时长以不超过50分钟为宜。

5.4 课件命名要求

视频课件名称顺序是：第×章/第×讲—本讲课程名称—主讲人—20××—××。

6 课件测试及发布要求

视频课件设计制作完毕，可以制作成网络视频课件和制作光盘两种形式。在发布课件之前需要对课件进行审核。

6.1 课件审核要求

(1)内容审核。主要审核课件是否可以正常播放，课件内容符合课件结构要求，内容无缺失、无错误。

(2)安全测试。如课件里写入了相关的程序脚本语言，应注意与平台的兼容性、运行的正常性以及客户端和服务器端的安全性。

(3)功能测试。在气象远程教育网发布的网络版课件，须在远程培训系统测试环境中通过导入和播放测试后，方可正式发布使用。

6.2 课件发布要求

(1)安全性要求。课件在上传气象远程教育网前须保证无病毒。

(2)文件类型限制。课件发布时采用MP4格式，课件中不应含有exe可执行文件以及批处理文件。

(3)带宽要求。视频动态码流率不高于512Kbps。音频码流率不高于40Kbps。

7 课件播放适应性要求

课件基本满足常用播放器正常播放，如使用特殊播放器播放，应提供相关软件下载、安装、使用说明。

课件至少可以在以下硬件环境下运行：

(1)CPU：主频 1GHz；

(2)内存：512MB；

(3)硬盘：30GB；

(4)声卡：集成声卡；

(5)显卡：集成显卡；

(6)网卡：有线网卡 100Mbps，无线网卡 11Mbps。

8 文档资料要求

需要提供课件使用说明和课件描述文件等文档资料。

8.1 课件使用说明

课件使用说明文档存放在课件的根目录下，建议文件名 readme. htm，如果保证课件正常运行有特殊需求，也必须在 readme. htm 中做说明。

该文档至少应包括以下内容：

(1)课件对客户端浏览的要求、版本、分辨率等；

(2)课件使用注意事项；

(3)联系方式；

(4)其他需要说明的问题。

8.2 描述文件

课件描述文件为 content. xml，内容如下：

<DOCUMENT>

<IMPORT>入口文件名称 * </IMPORT>

<TITLE>名称 * </TITLE>

<TYPE>资源类型 * </TYPE>

<AUTHOR>主讲人</AUTHOR>

<AUTHORINTRO>主讲人介绍</AUTHORINTRO>
<DURATION>时长 * </DURATION>
<HOURS>学时 * </ HOURS >
<DATETIME>制作时间</DATETIME>
<FORM>课件形式 * </FORM>
<CLASSIFICATION>资源分类 * </CLASSIFICATION>
<RESOURCE>资源来源 * </RESOURCE>
<SCOPE>公开范围</SCOPE>
<POST>适用岗位 * </POST>
<OBJECT>适用对象 * </OBJECT>
<GOAL>教学目标 * </GOAL>
<DESCRIPTION>主要内容 * </DESCRIPTION>
<FORMAT>课件格式</FORMAT>
<SIZE>课件大小</SIZE>
<TEAM>制作团队</TEAM>
<AUDITOR>审核人</AUDITOR>
<MOBILE>移动平台播放 * </MOBILE>
<VERSION>版本</VERSION>
<LANGUAGE>语言 * </LANGUAGE>
<INSTRUCTIONS>备注</INSTRUCTIONS>
</DOCUMENT>

8.3　描述文件内容说明

入口文件名称为课件主播放文件名称，例如：content. htm。描述文件属性名称参见《气象远程学习资源元数据规范》(编号：QXYC2018020801)，其中有“ * ”标识的为必填内容。

9　其他要求

9.1　PPT 排版要求

(1)不要使用带有特效的幻灯片切换效果，保持模板中的切换效果为“无切换”(图 1)。

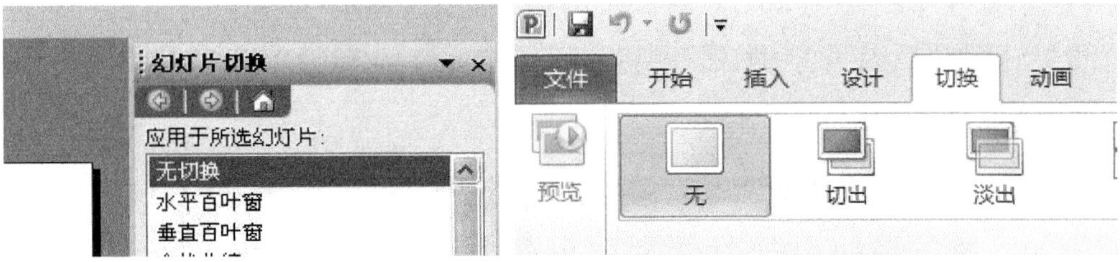

图 1 幻灯片切换效果要求

(2)题目编号按图 2 所示的写法。

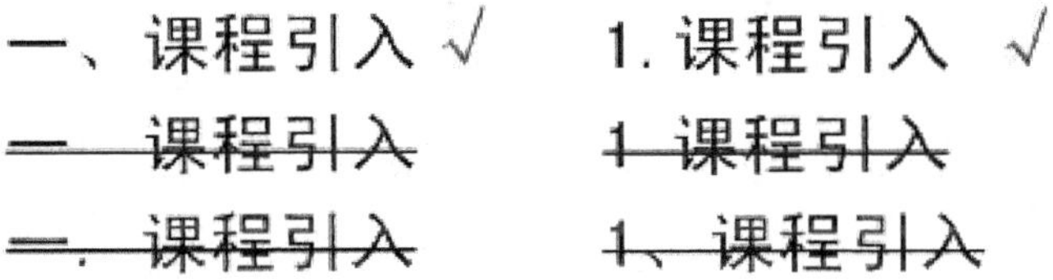

图 2 题目编号要求

(3)避免使用含有其他企事业单位版权信息的图片、音视频素材。

(4)字体、字号、颜色与排版：字体宜采用黑体或中圆，忌用宋体。要重点说明的文字，可通过改变字号、改变颜色、增加文字阴影、设置艺术字样式等方式来达到效果，确保字体清晰。

如图 3 所示，总标题字号不低于 44，正文标题字号为 28，内容字号不低于 24，辅助性文字字号不低于 18。

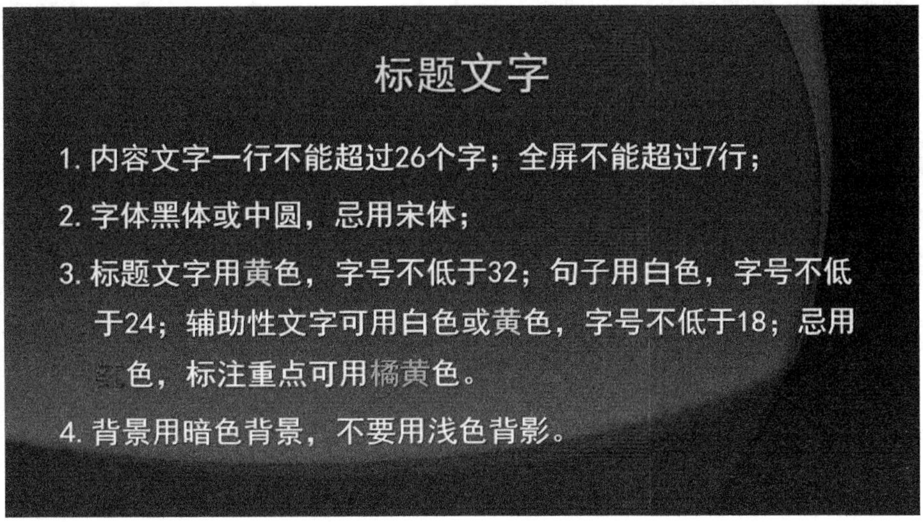

图 3 文字的字体、字号、颜色排版要求

字体颜色忌用红色，标题文字采用黄色，正文内容文字采用白色(图 3)。

文字排版时，每行字数不得超过 22 个字，每屏行数不得超过 8 行。图片排版的一般要求如图 4 所示。

图 4 图片的排版要求

PPT 排版样例如图 5—图 10 所示。

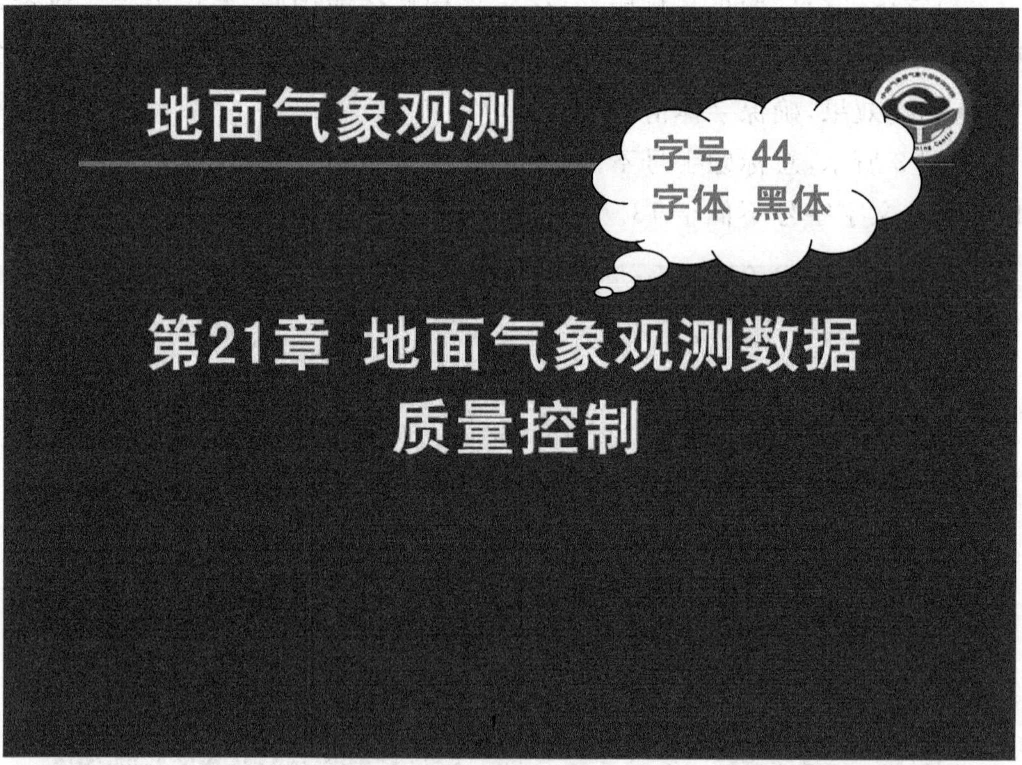

图 5 总标题：文字字号 44

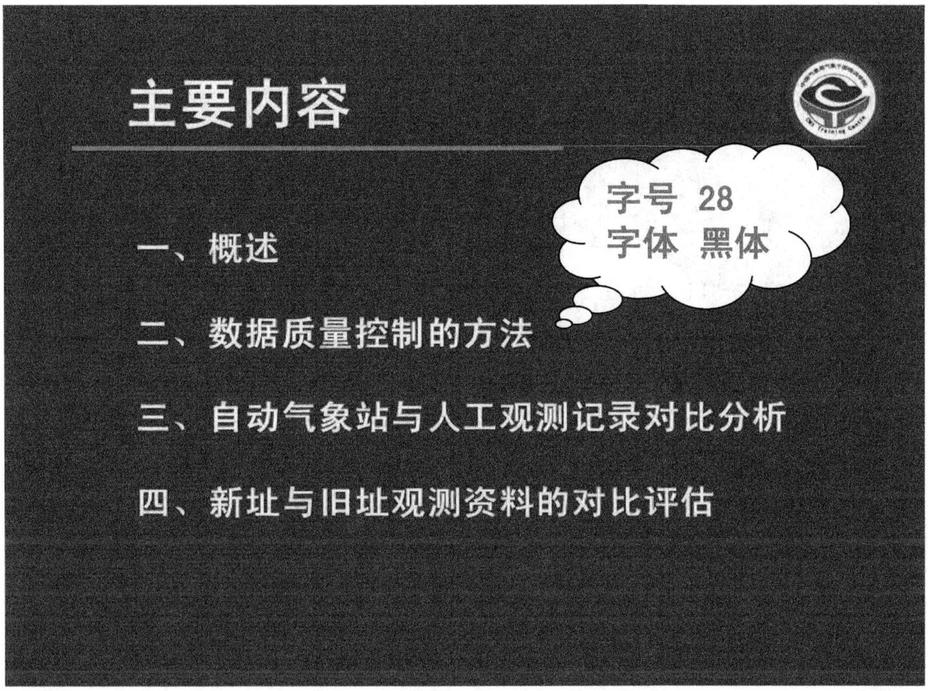

图 6　标题:文字字号 28

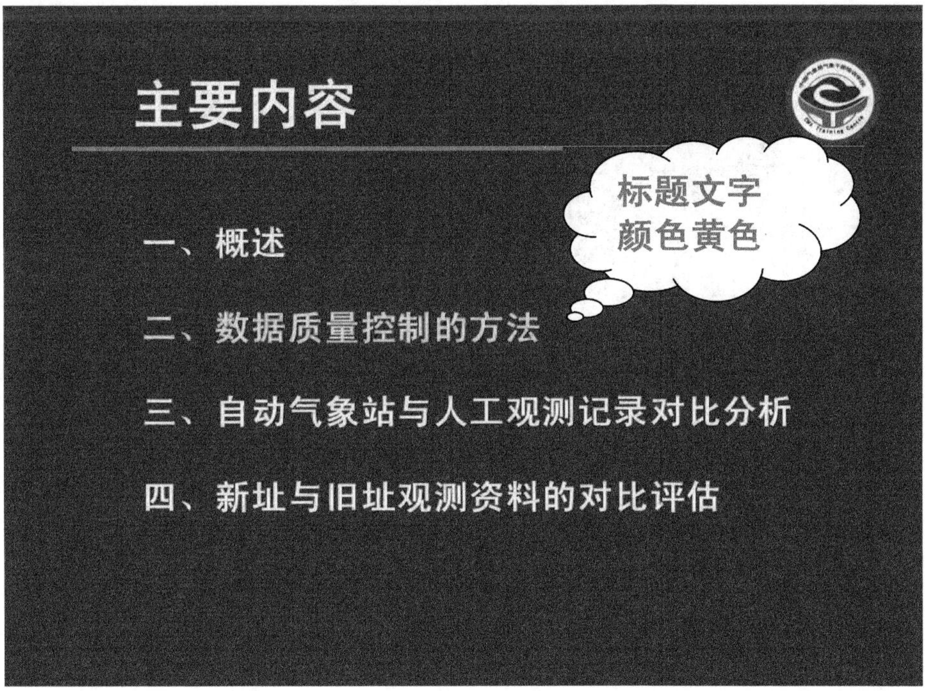

图 7　标题:文字颜色黄色

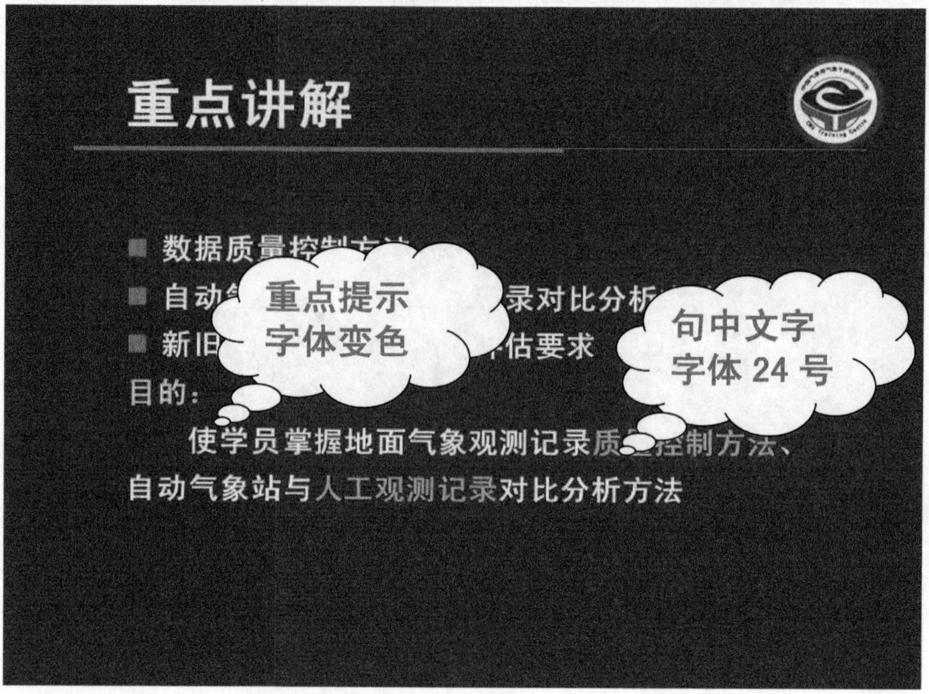

图8　重点文字：可通过改变字号、改变颜色等方式来达到效果

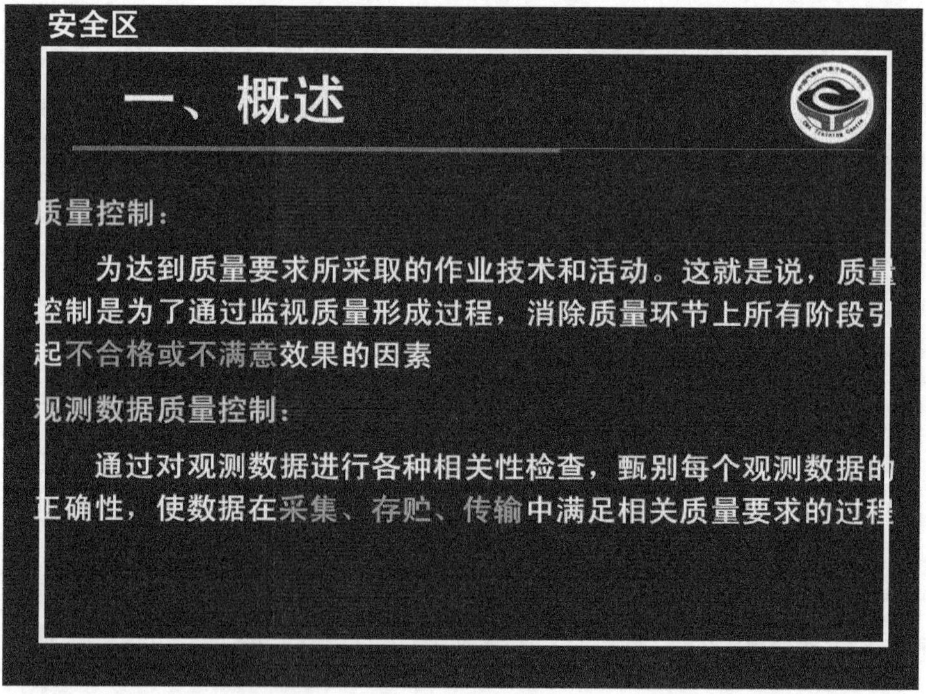

图9　PPT 错误排版

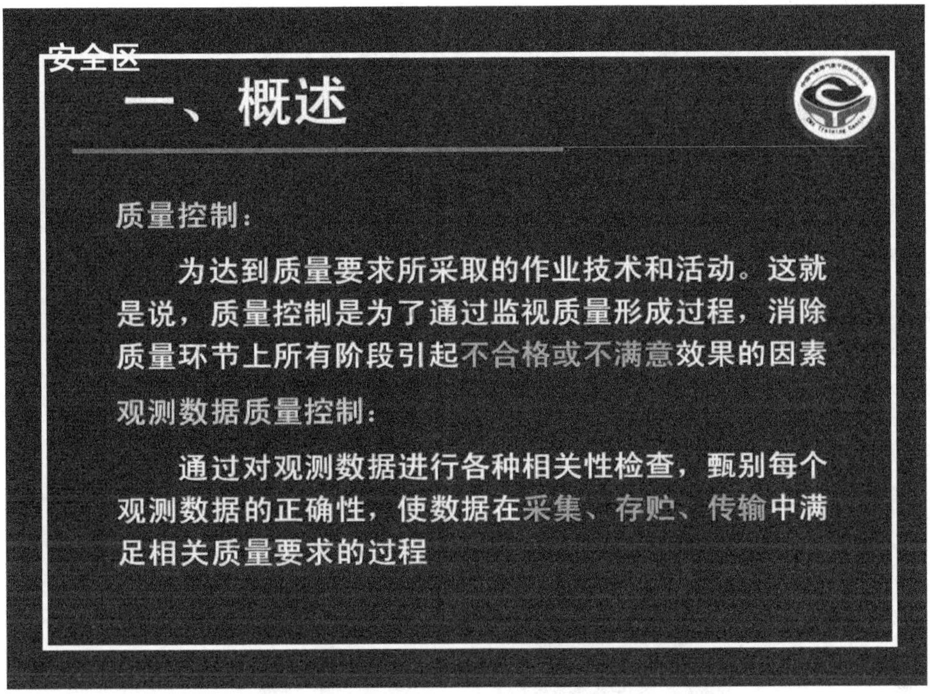

图 10　PPT 正确排版

9.2　教师上镜要求

(1)衣着类型

上衣应有明显衣领与衣袖，衣服平整洁净(图 11)。

图 11　衣着类型要求

(2)饰品

所佩戴饰品在演播室灯光照射下不应有反光现象。

(3)颜色与花纹

主讲教师服装颜色与花纹要根据背景颜色和图案进行适当调整,确保录制画面清晰、完整、美观等要求。尽量不要选择白色、黑色、黑色偏蓝色、纯红色的上衣;建议穿着米色、驼色、灰色、粉色、浅红色上衣,不能穿着条纹(直纹或花格)上衣(图 12)。

图 12　着装的颜色和花纹要求

10　附则

本《规范》由中国气象局气象干部培训学院负责解释。

中国气象远程教育网

气象远程三分屏流媒体课件制作技术规范

编号：QXYC2018020804

中国气象局气象干部培训学院

1 适用范围

本规范规定了气象行业远程教育三分屏流媒体课件开发的技术行为和制作要求。

本规范适用于气象行业远程学习资源的建设和管理。

2 适用对象

气象行业远程三分屏流媒体课件的开发者和管理者。

3 引用文件

《气象远程学习资源元数据规范》(编号:QXYC2018020801)。

《气象远程视频课件制作技术规范》(编号:QXYC2018020803)。

4 术语和定义

下列术语和定义适用于本规范。

4.1 流媒体课件

streaming media courseware

采用流式传输的方式在 Internet 或 Intranet 上播放的媒体格式课件。

4.2 纯音、视频流媒体课件

pure audio and video streaming courseware

纯音视频流媒体课件是指采用流媒体技术压缩音视频后直接在网上传播的多媒体课件,是单纯的音频、视频课件。

4.3 三分屏流媒体课件

three-part-separated screen streaming courseware

三分屏流媒体课件是指应用流媒体技术压缩音视频,结合网页及其他多媒体形式来展现教学内容的一种讲授型多媒体课件。

屏幕被分成三部分,一部分表现教学音视频,一部分表现图文讲稿,另一部分表现课程索引及版权信息,可以实现学习内容的跳转。

5　课件基本要素要求

5.1　标题栏要求

标题栏用于显示课件相关信息，统一显示“课件名称_气象远程教育课件”。

5.2　影音播放区要求

（1）影音播放区（见图 1）包括影音播放窗口、影音播放控制条、当前播放时间与课件总时长。

（2）影音播放区的初始位置宜设置在课件界面的左上角或者右上角。

（3）影音播放控制条至少包含播放、停止、快进、快退、音量控制按钮等，应提供影音播放进度条、数字显示当前播放时间，通过拖动进度条可以控制播放进度。

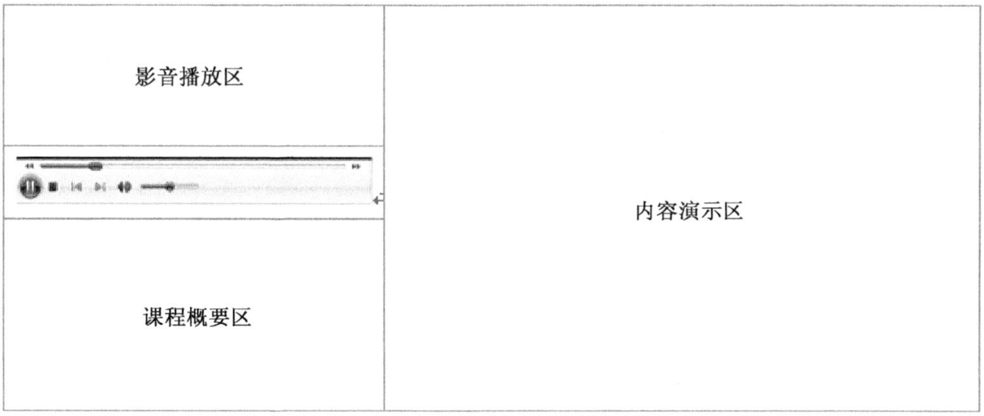

图 1　三分屏流媒体课件界面图

（4）双击影音播放区可实现视频窗口的最大化和还原显示。放大后保持相同的清晰度，按 Esc 键还原显示窗口。

5.3　内容演示区要求

（1）演示区（见图 1）应完全展示演示内容，不显示横向或纵向滚动条。

（2）双击内容演示区可实现演示内容的最大化显示功能。放大后保持相同的清晰度，按 Esc 键还原显示窗口。

5.4 课程概要区要求

（1）课程概要区（见图 1）设置在视频播放区的正下方，宽度与视频播放区宽度相同。

（2）课程概要区应标明课程名称、主讲教师、课程描述、课程索引、版权信息等。点击课程索引目录可实现知识点的跳转，无错误链接或点击无反应等现象，不宜使用弹出窗口。

6 制作技术要求

6.1 总体要求

（1）音画同步。课件中教师的形象视频流、讲课音频流和电子教案（如 PPT 文档）以及其他多种媒体演示等授课过程的信息必须同步播放，无错位现象。课件在按索引跳转或拖动滚动条时均可保证音画同步。

（2）课件信息填写完整。课件相关信息必须按要求填写完整。

（3）可直接播放。若课件在播放过程中需要下载插件，需提供插件安装使用说明。

6.2 音视频要求

（1）视频要求。画面清晰，色彩协调，无跳动、闪烁等现象。

（2）音频要求。音量适中，语言流畅，无中断、显著噪声、失真等。

（3）格式要求。课件中的音视频格式采用 ASF 或 WMV，不得采用其他流媒体格式。参数见表 1。

表 1 音视频文件参数

指标	标准			
	单机版发布标准	网络版发布标准	最低录制标准	纯音频标准
目标比特率	160～400Kbps	50～268Kbps	873.03Kbps	70.01Kbps
音频格式	32～64Kbps，8～32kHz	8～32Kbps，8～32kHz	64Kbps，48kHz，stereo	64Kbps，32kHz
视频比特率	128～300Kbps	50～256Kbps	800Kbps	/

表 1 音视频文件参数(续)

指标	标准			
	单机版发布标准	网络版发布标准	最低录制标准	纯音频标准
关键帧	4s	4s	4s	/
帧率	10～15fps	10～15fps	25fps	/
视频大小	640P×480P	320P×240P	720P×576P	/

6.3 录制机屏幕要求

录制机屏幕录制参数见表 2。

表 2 屏幕录制参数

参数名称	最低标准
屏幕分辨率	1024P×768P
颜色质量	16 位
图像帧率	10fps

6.4 课件索引要求

(1)单个课件索引按内容进行划分,以不超过 5 条为宜;

(2)单击索引时,音视频与课件演示内容同步跳转到相应内容,实现音视频内容与课件演示内容的同步性。

6.5 课件时长要求

按知识点或章节进行划分,单个课件时长以 5～50 分钟为宜。

6.6 课件命名要求

目录、文件的名称全部用小写英文字母、数字、下划线的组合,其中不应包含汉字、空格和特殊字符。

7 课件测试及发布要求

三分屏流媒体课件设计制作完毕，可以发布为单机版和网络版两个版本。在发布课件之前需要对课件进行测试。

7.1 课件测试要求

(1)内容测试。主要测试课件内容是否可以正常播放，要求课件内容符合课件结构要求，无缺失、无错误。

(2)安全测试。如果在课件页面里写入了相关的程序脚本语言，应注意与平台的兼容性、运行的正常性以及客户端和服务器端的安全性。

(3)功能测试。在气象远程教育网发布的网络版课件，在正式发布使用前，必须先在远程培训系统的测试环境内进行导入和播放测试。测试通过后，方可上传到学习平台以供使用。

7.2 课件发布要求

(1)安全性要求。课件在上传气象远程教育网前必须保证无病毒。

(2)文件类型限制。课件文件夹中不应含有 exe 可执行文件以及批处理文件。

8 课件播放适应性要求

课件基于 B/S 模式，能通用浏览器下正常播放，如使用特殊插件，应提供插件下载、安装、使用说明。

8.1 硬件适应性要求

课件可以在以下硬件环境下运行：

(1)CPU：主频 1GHz

(2)内存：512MB

(3)硬盘：30GB

(4)声卡：集成声卡

(5)显卡：集成显卡

(6)网卡：有线网卡 100Mbps，无线网卡 11Mbps

8.2 软件适应性要求

课件可以在以下软件环境下运行：

(1)操作系统：Windows2000/XP/Vista/Win7/Win10；

(2)插件：Windows Media Player 9.0，Flash Player 9.0，JRE1.5(Java Runtime Environment)；

(3)浏览器：Internet Explorer 6.0 及以上。

9 文档资料要求

需要提供课件使用说明和课件描述文件等文档资料。具体要求参见《气象远程视频课件制作技术规范》(编号：QXYC2018020803)

10 其他要求

PPT 排版要求和教师上镜要求参见《气象远程视频课件制作技术规范》(编号：QXYC2018020803)

11 附则

本《规范》由中国气象局气象干部培训学院负责解释。

中国气象远程教育网

气象远程云录播
流媒体课件
制作技术规范

编号：QXYC2018020805

中国气象局气象干部培训学院

1 适用范围

本规范规定了气象行业远程教育云录播流媒体课件开发的技术行为和制作要求。

本规范适用于气象行业远程学习资源的建设和管理。

2 适用对象

气象行业远程云录播流媒体课件的开发者和管理者。

3 引用文件

《气象远程学习资源元数据规范》(编号:QXYC2018020801)。

《气象远程视频课件制作技术规范》(编号:QXYC2018020803)。

《气象远程三分屏流媒体课件开发制作技术规范》(编号:QXYC2018020804)。

4 术语和定义

下列术语和定义适用于本标准。

4.1 SCORM 课件

SCORM (Shareable Content Object Reference Model),译作共享内容对象参考模型或共享组件引用模式,由 ADL (Advanced Distribution Learning Initiative)集成各个学习标准制定而成。对数字内容教材的制作,内容开发提供一套共通的规范。ADL 项目的主旨是在美国联邦政府各个部门、企业、军事、教育和培训机构之间协同合作,为模块化网上教育内容和有关的工具创造业务和市场。美国政府在制定 SCORM 时,特别强调不再重新研发轮子(Don't reinvent the wheel)。意思是不会提出新的规格,而是把重点放在提出集成现有 E-learning 规范的架构模型。SCORM 的演进由 SCORM 1.0,SCORM 1.1,SCORM 1.2 到 SCORM 2004。

4.2 课件索引

courseware index

指将课件中具有检索意义的事项(知识点、词语、概念或其他事项)按照一定方式有序编排起来,以供快速定位。

4.3 云录播流媒体课件

cloud recorded broadcast streaming media courseware

特指气象远程培训系统云录播环境下制作完成的流媒体课件。

5 课件基本要素要求

5.1 内容影音播放区要求

(1)影音播放区(图 1)要显示影音播放窗口、影音播放控制条、当前播放时间与课件总时长。

(2)影音播放控制条要显示播放、暂停、音量控制、满屏播放按钮,影音播放进度条、数字显示当前播放时间,通过拖动进度条可以控制播放进度。

图 1 云录播流媒体课件界面图

5.2 课程索引区要求

课程索引要显示课程名称、主讲教师、课程描述。

6 制作技术要求

6.1 总体要求

(1)音画同步。课件中教师的形象视频流、讲课音频流和电子教案(如 PPT 文档)以及其他多种媒体演示等授课过程的信息必须同步播放,无错位现象。课件在按索引跳转或拖动滚动条时均可保证音画同步。

(2)课件信息填写完整。课件相关信息必须按要求填写完整。

6.2　音视频要求

(1)视频要求。画面清晰，色彩协调，无跳动、闪烁等现象。参数要求见表1。

表1　音视频文件参数

指标名称	标准	
	录制标准	网络版发布标准
视频比特率	不低于1Mbps	256～512Kbps
音频	128Kbps，48kHz， 双通道立体声	8～32Kbps 8～32kHz
帧率	25fps	25fps
视频大小	1280P×720P 1024P×768P	1280P×720P

(2)音频要求。音量适中，语言流畅，无中断、显著噪声、失真等。参数要求见表1。

(3)格式要求。课件中的音视频格式采用MP4格式，不得采用其他流媒体格式。

6.3　教师机屏幕设置及PPT要求

(1)教师机屏幕分辨率设置成1280P×720P(16∶9)或1024P×768P。

(2)录制预案1280P×720P，PPT页面设置为16∶9；录制预案1024P×768P，PPT页面设置为4∶3。

6.4　云录播录制及开关机要求

(1)课件录制模式为资源模式；码流大小为1Mbps。

(2)录播终端的开关机要通过云录播管理平台的设备开机、关机进行操作，以确保气象远程教育云录播系统总控中心管理的设备监控信息状态正常。

6.5 网络直播要求

(1)直播只能设置成一个教师视频和一个 VGA 视频。

(2)教师视频码流大小可以设置成低码流,低分辨率;VGA 大小可以设成高分辨率 1024P×768P(1280P×720P),码流设成 512Kbps;在内网直播可设置的更高,可以到 1Mbps。

6.6 课件索引要求

(1)单个课件索引按内容进行划分,以不超过 5 条为宜。

(2)单击索引时,音视频与课件演示内容同步跳转到相应内容,实现音视频内容与课件演示内容的同步性。

6.7 课件时长要求

按知识点或章节进行划分,单个课件时长以 5～50 分钟为宜。

6.8 课件命名要求

目录、文件的名称全部用小写英文字母、数字、下划线的组合,其中不应包含汉字、空格和特殊字符。

7 课件测试及发布

云录播流媒体课件设计制作完毕,可以发布为单机版和网络版两个版本。在发布课件之前需要对课件进行测试。

测试与发布要求参见《气象远程视频课件开发制作技术规范》(编号:QXYC2018020803)。

8 文档资料要求

需要提供课件使用说明和课件描述文件等文档资料。文档资料要求参见《气象远程视频课件开发制作技术规范》(编号:QXYC2018020803)。

9 其他要求

PPT 排版要求和教师上镜要求参见《气象远程视频课件开发制作技术规

范》（编号：QXYC2018020803）。

10　附则

本《规范》由中国气象局气象干部培训学院负责解释。

中国气象远程教育网

气象远程网页课件开发制作技术规范

编号:QXYC2018020806

中国气象局气象干部培训学院

1　适用范围

本规范规定了气象行业远程教育网页课件开发的技术行为和制作要求。

本规范适用于气象行业远程学习资源的建设和管理。

2　适用对象

气象行业远程网页课件的开发者和管理者。

3　引用文件

《气象远程学习资源元数据规范》(编号:QXYC2018020801)。

《气象远程视频课件制作技术规范》(编号:QXYC2018020803)。

《气象远程三分屏流媒体课件开发制作技术规范》(编号:QXYC2018020804)。

《气象远程微课件开发制作技术规范》(编号:QXYC2018020807)。

4　术语和定义

下列术语和定义适用于本标准。

4.1　网页课件

Web courseware

本规范中特指的网页课件是根据教学大纲的要求和学习的需要,经过严格的教学设计,对一个或多个知识点实施相对完整教与学,并且通过网络进行发布的辅助学习软件。

4.2　AICC 标准

AICC standard

AICC(The Aviation Industry CBT Committee)即航空工业 CBT(计算机辅助培训)委员会,它是一个国际性的培训技术专业性组织。AICC 从使用者角度提出 CMI 规范。AICC 标准主要是基于 HACP 3.5 版本。

4.3　Flash 课件

flash courseware

以 Flash 为表现手段,通过文字、图片、动画、音视频相结合而成的课件。

4.4 电子书类课件

E-book courseware

以文字、图片辅助说明为主的课件。

4.5 脚本

script

本规范中特指课件设计与实现的依据，包括设计脚本和制作脚本两部分。

4.6 设计脚本

design script

设计脚本包括教学目标分析、教学内容和知识点的确定与分类、学习者特征分析、学习模式选择、学习环境与情景创设、教学策略选择、媒体的选择与设计等。

4.7 制作脚本

production script

制作脚本是在设计脚本的基础上，依据先进的教学设计思想，将文本改编成适于计算机表现的形式，完成交互式页面的设计和媒体表现方式的设计。

5 课件脚本制作要求

5.1 设计脚本

5.1.1 内容要求

(1)课件、模块或知识点的名称。

(2)适用对象。

(3)学习形式。

(4)内容设计团队成员。

(5)教学目标分析，在对学习内容和学习对象分析的基础上列出详细的教学目标。

(6)教学内容结构设计，在对教学目标、学习对象进行分析的前提下给出教学内容的结构设计，包括各模块及子模块的详细结构。

(7)给出每个知识点的教学内容、教学策略和对所需要支持材料进行的详细文字描述。

(8)提出课程内容实现的媒体设计和开发要求。

(9)脚本的撰写者应当尽可能提供所需要的素材。素材包括相关的文字材料、照片、图表、视频、音频等(素材格式参见"6 素材格式")。

5.1.2 设计要点

(1)模块化的结构:脚本应当按照知识点分成模块,每个模块的内容相对独立,展示一个或数个知识点。

(2)文字要精炼,每一屏文字不能太多,上下滚屏不超过2屏。

(3)脚本要标明模块之间及每个模块和与其相关的素材之间的关系。

(4)对于素材的加工要给出明细说明,包括文件类型、文件大小、尺寸、颜色、布局、音视频时长等。

(5)对于需要进行原创性制作的图形、动画等要给出构思、简图及详细说明。

5.2 制作脚本

制作脚本要充分体现设计脚本的思想和要求,又能对课件制作给予系统的、具体的设计和规划。制作脚本应包括如下内容:

(1)模块、单元或者知识点名称。

(2)所采用的主要实现手段。

(3)制作说明:主要用于对课件设计、课件制作和课件使用中的各种策略、事项进行说明。其主要内容包括教学内容及安排的策略说明、画面风格及美工方案说明、程序制作技术原则和约定等说明。

(4)课件流程图:用框图形式给出课件的程序结构及其控制流程。

(5)脚本序列:以帧为基本单元模块,用表格或卡片形式,给出课件内容的详细描述。

(6)美工方案:在脚本的每一帧上,给出画面的美化设计说明。

6 素材格式

6.1 文本素材

文本素材一般为doc类型,格式采用科技文档一般规定。正文中中文采用小4号宋体,行间距为1.5倍,标点符号一律采用中文半角。在开发过程中,中文字体尽量用黑体,字号适中,背景颜色应与字体前景颜色协调,减少在屏幕上阅读的疲劳;英文文献采用 Times New Roman 或 Arial 字体,标点符号一律采用英文半角;公式、图表中的中、英文文字参照以上要求。

6.2 图像素材

一般情况下使用位图图像即可,如有特殊需要(如大比例缩放等),可采用矢量图形式。在文件格式上矢量图采用 swf(Flash)格式。位图采用 gif 或 jpg 格式。彩色图像的颜色数不低于 8 位色数,灰度图像的灰度级不低于 128 级,图形可以为单色。

6.3 动画素材

动画素材(含使用网络播放软件浏览动画素材)主要使用 Flash 格式(.swf)和动态 gif(.gif)格式的动画。动画素材最大帧的长、宽以像素计算,为 640P×480P。播放速度为每秒 8～12 帧。动画在页面中的大小、背景色根据具体情况选用,要与页面协调。制作时颜色数使用 24 位及以上色。播放时能进行实时控制,且可控性好,运行流畅。

6.4 音频素材

音频素材的格式为:WMA,WAV(用于素材和课件),MP3。

数字化音频的采样频率为 14.4～44kHz,量化位数为 16 位。无明显噪声,应不低于 FM 质量。音量大小适宜。播放时能进行实时控制(如:静音、暂停、搜索等)。

6.5 视频素材

视频素材的格式为:WMV,ASF(用于课件)。WMV,ASF 视频素材最大帧的长、宽,以像素计算,为 640P×480P。

视频素材每帧图像颜色不低于 256 色或灰度不低于 128 级,视频图像每秒播放帧数为 PAL 制 25 帧。画质不能有明显噪波,应不低于 VCD 质量。播放时能进行实时控制(如:静音、暂停、搜索、快进、快倒等)。

6.6 PPT 素材

字号、字体要适当,一般是一级标题 36～40 号黑体;二级标题 32～36 号黑体；正文不小于 28 号黑体，英文尽量使用 Arial Narrow 或 Arial 两种字体，不做强制性要求，可根据实际情况灵活使用，字体尽量采用丰满、匀称的字体，大小与所在内容相匹配，不宜太小，即每行、每屏字数不宜太多。一个幻灯片内的文字以两种颜色为宜，最多不能超过三种颜色，与背景色对比度要高，背景应简洁明快。

7　课件制作要求

（1）课件应能在中国气象远程教育网中正常学习及跟踪，不建议使用“五、课件运行环境”中未涉及到的插件，如需要安装其他浏览器插件，请单独说明。

（2）课件内容中使用的汉字采用国家标准 GB2312 汉字字库，英文字母和字符使用 ASCII 编码和存储，所有文字字体应尽量采用中文 Windows 提供的字体，避免使用其他各种字库中的字体。

（3）课件的内容清单及相关约束文件，应存放于课件压缩包中的根目录下（具体文件请参见“11　课件说明文档要求”）。

（4）建议课件内容文件按章节分目录管理，避免所有文件混合堆放在一个目录中。

（5）课件中所有页面应在色彩、结构、风格上保持一致，页面须自适应 1024P×768P～1600P×1280P 分辨率，保证在 1024P×768P 分辨率下不用横向滚屏。

（6）建议电子书类型课件向平台传送的学习相关数据能够记录到页。

（7）建议三分屏类型课件每个 SCO（sharable content objects，SCO 是学习管理系统可以启动与追踪的最小单位）单元不大于 15 分钟。

（8）在推荐的运行环境下所有图片、图表、动画、视频和声音能正常演示或播放，无滞留、无跳动。

（9）课件中的所有链接地址必须准确，文件与文件之间的链接必须使用相对路径，禁止使用绝对路径。课件中的网址资源链接，只能文字描述，禁止采用活动链接。

8 课件打包及导入要求

为了确保课件能够正常导入远程培训系统，并可正常使用，对各类课件打包及导入要求课件导入的打包文件中必须包含以下课件属性：

(1)课时数：课件的课时数，每课时建议为30分钟。类型为整数型。

(2)内容简介：课件内容的简要说明。

(3)关键字：学员可通过该关键字检索到该课程，关键字可以有多个，多个关键字之间用空格分开。

(4)学习目标：学习该课件要掌握的技能和要达到的目标。

(5)学习对象：该课件对应的目标人群。

(6)跟踪类型：课件学习过程中，跟踪的标准，如SCORM。

(7)硬件/软件要求(使用条件)：学习该课件应满足的硬件或软件要求。

除此以外，根章节的属性定义也可以包含如下属性：

(1)作者：该课件的作者信息。

(2)版本：该课件的版本号。

8.1 符合SCROM 1.2标准的课件

SCORM 1.2：导入文件和课件内容打包成一个文件。

如果使用的是SCORM 1.2的课件标准，课件内容和导入文件应打包压缩成为一个文件名为英文，后缀为zip的文件，其中导入文件应为UTF-8编码格式。

导入文件应包含以下6个文件：

```
imsmanifest. xml
adlcp_rootv1p2. xsd
ila_mdextensions. xsd
ims_xml. xsd
imscp_rootv1p1p2. xsd
imsmd_rootv1p2p1. xsd
```

其中文件 imsmanifest. xml 为课件描述及章节定义文件，文件的头信息必须为：

```
<? xml version="1.0" encoding="UTF-8"? >
<manifest identifier="MANIFEST0"
xmlns="http://www.imsproject.org/xsd/imscp_rootv1p1p2"
xmlns:adlcp="http://www.adlnet.org/xsd/adlcp_rootv1p2"
xmlns:xsi="http://www.w3.org/2001/XMLSchema-instance"
xmlns:ext="ila_mdextensions"
xsi:schemaLocation="http://www.imsproject.org/xsd/imscp_rootv1p1p2
imscp_rootv1p1p2.xsd ila_mdextensions ila_mdextensions.xsd">
```

另外 5 个后缀名为. xsd 的文件，必须使用 xsd. zip 中提供的文件。

8.2　非标课件(建议)

非标准课件是指那些不包含课件跟踪标准的课件，为了方便非标课件的管理和导入，希望非标课件的打包和导入应符合 SCORM 1.2 的打包和导入要求，具体为：课件内容和导入文件应打包压缩成为一个文件名为英文，后缀为 zip 的文件，其中导入文件应为 UTF-8 编码格式。

导入文件应包含以下 6 个文件：

```
imsmanifest.xml
adlcp_rootv1p2.xsd
ila_mdextensions.xsd
ims_xml.xsd
imscp_rootv1p1p2.xsd
imsmd_rootv1p2p1.xsd
```

其中文件 imsmanifest. xml 为课件描述及章节定义文件，文件的头信息必须为：

```xml
<? xml version="1.0" encoding="UTF-8"? >
<manifest identifier="MANIFEST0"
xmlns="http://www.imsproject.org/xsd/imscp_rootv1p1p2"
xmlns:adlcp="http://www.adlnet.org/xsd/adlcp_rootv1p2"
xmlns:xsi="http://www.w3.org/2001/XMLSchema-instance"
xmlns:ext="ila_mdextensions"
xsi:schemaLocation="http://www.imsproject.org/xsd/imscp_rootv1p1p2
imscp_rootv1p1p2.xsd ila_mdextensions ila_mdextensions.xsd">
```

另外5个后缀名为.xsd的文件,必须使用xsd.zip中提供的文件。

9　课件运行环境

操作系统:Windows2000/XP/Vista/Win7

插件:Windows Media Player 9.0及以上、Flash Player 9.0及以上、JRE1.5及以上、PowerCreator VGAPlayer5.0及以上版本。

浏览器:Internet Explorer 6.0及以上版本。

课件显示分辨率:能适应1024P×768P～1600P×1280P不同分辨率。

网速(或带宽):2Mbps以上。

10　课件测试要求

课件测试要求涵盖三个方面:

(1)课件导入测试,主要测试课件是否符合中国气象远程教育网的教学平台的课件打包及导入要求。

(2)课件跟踪测试,主要测试标准课件是否符合中国气象远程教育网的教学平台的标准课件跟踪要求。

(3)课件内容及功能测试,主要测试课件内容是否可以正常播放,要求课件内容符合课件结构要求,所有课件功能正常,无缺失、无错误。

课件在交付之前,应先在本地环境(课件制作公司或远程培训系统测试环境)中进行严格测试,确保课件的质量,内容完整,无异常问题。课件具体的测试项目及评价方式见表1。

表 1　网页课件测试项目和验收规范

序号	测试项目	评　　价
1	课件标准和格式	□AICC □SCORM1.2 □SCORM2004 □其他________ □非标准
2	配置文件是否齐全、上传是否正常	□正常　□不正常
3	流媒体服务器导入、指向和链接正确	□正确　□不正确
4	课件与教学平台的兼容	□可以　□不可以
5	需要下载的插件数量和版本	□满足　□不满足
6	学员端进入课程	□可以　□不可以
7	课件视频、字幕(清晰、全屏)	□满足　□不满足
8	课件音频(大小、左右声道)	□正常　□不正常
9	媒体播放器操作	□正常　□不正常
10	课件章/节、页面链接	□正常　□不正常
11	课件素材	□完整　□不完整
12	正常学习和退出	□可以　□不可以
13	自动形成断点/再次进入时提醒书签	□正常　□不正常
14	课件进度跟踪准确	□准确　□不准确
15	流媒体码流参数	K/bps
16	缓冲(≤3.0 秒)	秒
17	题库完整(可选)	□正常　□不正常

课件在正式发布使用前,必须先在中国气象远程教育网的教学平台测试环境内进行导入和播放测试,测试通过后,才可上传到外网以供使用。

11　课件说明文档要求

为了保证在课件出现问题或需要变更时,能及时了解课件的相关信息并联系到课件提供单位及相关技术人员,要求课件提供方在提供课件内容时,一并提交课件的开发文档、使用说明文档等相关资料(表 2)。并且保证课件说明文档中的制作单位联系人和技术支持人员的稳定性和信息的准确性,如有变动须及时更新。

表 2　×××课件说明

课件名称			
课件提供单位			
课件制作时间			
课件版本			
课件语言			
课件时长(分钟)			
课件说明			
关键字			
学习目标			
学习对象			
硬件/软件要求			
课件容量(MB)			
流媒体格式			
流媒体码率(Kbps)			
课件章节说明			
制作单位联系人	姓名:	手机:	邮箱:
技术支持人员	姓名:	手机:	邮箱:

12　参考文献

[1]　唐四薪.基于Web标准的网页设计与制作[M].北京:清华大学出版社,2009.

[2]　孙俊琳.网页设计与制作[M].北京:清华大学出版社,2015.

13　附则

本《规范》由中国气象局气象干部培训学院负责解释。

中国气象远程教育网

气象远程微课件
开发制作技术规范

编号:QXYC2018020807

中国气象局气象干部培训学院

1　适用范围

本规范规定了气象行业远程微课件开发的技术行为和制作要求。

本规范适用于气象行业远程学习资源的建设和管理。

2　适用对象

气象行业远程微课件的开发者和管理者。

3　引用文件

《气象远程学习资源元数据规范》(编号:QXYC2018020801)。

《气象远程视频课件制作技术规范》(编号:QXYC2018020803)。

4　术语和定义

下列术语和定义适用于本标准。

4.1　微课程

micro-course

微课程是指针对某个知识点/技能点(重点、难点、疑点、考点等)或教学环节(如学习活动、过程、实验、任务等)而精心教学设计和开发的一种短小精悍的、支持多种学习方式的微型在线网络课程。

4.2　微课件

micro courseware

微课件是指运用信息技术按照认知规律,呈现碎片化学习内容、过程及扩展素材的结构化数字资源。

4.3　视频微课件

video micro courseware

视频微课件是指以教学视频为主要载体的微课件。

4.4　互动微课件

interactive micro courseware

选用工具软件或设计语言呈现教学内容,可独立运行且具有交互性的微课件。

4.5 移动学习

mobile learning

移动学习是指利用移动设备，实现无时空限制的学习。

4.6 HTML5

HTML5是指万维网的核心语言、标准通用标记语言下的一个应用超文本标记语言（HTML）的第五次重大修改。HTML5具有可读、可编辑、可搜索、自适应设计以及基于地理定位的应用等优点。

5 制作导向

内容必需。选取合适粒度的学习节点或信息获取目标为内容主体，确保选取的内容是学习者或信息获取者感兴趣的，或者是能帮助解决问题所必需的。

难度适中。内容难度适中且规模适度，使学习者有足够的思考空间，不会产生“过载”的认知负荷。

结构合理。内容结构合理且简单清晰，不会导致学习者的思维混乱。

媒体适当。媒体呈现形式是学习者容易接受的，至少不会产生视听觉疲劳。

导航清晰。知识分类、续航与布局清晰，知识延伸性强，不会令学习者放弃学习动机或迷失学习路径。

反馈及时。通过交互式设计与学习者、信息获取者保持有效的互动，及时捕获学习者与信息获取者的应用反馈。

6 视频微课

微课主体内容是视频，视频格式采用支持PC、智能TV、移动终端等主流设备播放的媒体格式，并适应学习者使用的方式与习惯。分为摄像拍摄（包括数码录制和录播室录制）、屏幕录制（采用录屏软件制作）、多媒体软件输出（采用各类流行的多媒体软件制作）、混合制作（采用多种录制方式混合制作）等类型。

6.1 页面设计

背景、首页和末页的内容和形式要统一，首页要标出标题、授课人姓名、工作单位、授课时间。建议使用纯白或纯黑等纯色背景。添加适当的动画效果,切忌过于追求绚丽而添加很多动画,使画面显得杂乱,不突出主题。

每的文字数量一般来说控制在40个字以内。字号推荐使用24～44号。对于一些需要特殊显示的内容,可设置较大字号,但一般不超过60号。字体推荐采用方正大黑简体、方正超粗黑简体、黑体等字体,不宜采用宋体等字体。如果有特别需要,字体可以加粗。字色与背景色要形成强烈的对比反差。

微课件的页面要求文字与图片搭配协调,尽量让文字出现在图片的空白处,避免让文字与图片颜色相近。尽量选择高质量的图片,避免在播放过程中,因图片质量过低而影响观看效果。

6.2 摄像拍摄

(1)压缩:H.264以上的格式编码,视频格式为MP4、WMV、FLV等。

(2)码流率:动态码流最高码率不高于2000Kbps,最低码率不得低于1024Kbps。

(3)分辨率:一般设定为720P×576P、1280P×720P、1920P×1080P。

(4)帧率:采用逐行扫描,25帧/秒。

(5)效果:构图合理、机位准确、图像稳定、对焦清晰、音像同步。

6.3 屏幕录制

(1)分辨率:采用1024P×768P,1280P×720P或1920P×1080P。

(2)录制PPT时,将PPT调整为适合比例(1024P×768P录制时,用4∶3;1280P×720P或1920P×1080P录制时,用16∶9)。

(3)输出:转成WMV或MP4等格式。

6.4 多媒体软件输出

(1)输出:MP4格式。

(2)分辨率:采用800P×600P,1024P×768P,1280P×720P,1920P×1080P等。

(3)效果:动画清晰流畅,构图合理、图像稳定、音像同步。

6.5 混合制作

(1)视频、屏幕录制或软件制作均采用相同的分辨率制作,宽高比一致,合成后不变形。

(2)制作可参照摄像拍摄、屏幕录制作、多媒体软件输出等技术要求。

(3)在跨平台时使用,制作输出格式应以使用平台视频格式为主。

6.6 后期制作

(1)声音采用双声道,要求清晰、圆润、无杂音,音量适中饱满、解说与图像、背景音乐同步。

(2)如用视频混合制作,采用与视频一致的分辨率,保证合成效果良好流畅。

(3)微课片头与片尾均不能占用学习时间。

(4)字幕要求

①无错别字或语句错误;

②字幕在形式、陈述时与内容一致;

③字体大小适中,颜色与画面协调同步;

④字幕出现的时间要保证学习者完整阅读;

⑤字幕应完整传达视频素材的内容和意图。

(5)可根据需要插入与内容匹配的背景音乐,以轻音乐为主,选择轻柔、节奏感不要太强的音乐。

7 互动微课

7.1 工具生成

主体内容按照学科的特点,选用学科教学平台或工具呈现教学内容,并可独立运行且具有交互性的微课件。

7.2 代码生成

微课主体内容按照学科的特点,根据教学内容需要,设计合理的教学结构或者数学模型,借助计算机编程语言(高级语言),开发具有交互性、体验性、控制性的微课件。

7.3 设计原则

科学性。按照学科特点与原理,实现抽象原理可视化,复杂过程具体化。

同时，符合教学内容内在逻辑体系和认知结构。

交互性。使用方式与内容可实现人机对话，实现个性化学习。

非线性。支持碎片化、结构化的学习方式，以满足不同认知水平学习者或信息获取者的需要，实现差异化的服务。

可控性。在科学的数学模型支持下，用技术还原科学原理或现象，通过变量配置获得科学可信的结果。

操作性。界面友好，使用方便，导航准确，免安装。提示信息详细、准确、恰当。

直观性。适合学习者或信息获取者的认知规律和需求，呈现知识、技能与信息的可视化，学习内容直观、形象。画面流畅，声音清楚，结构合理，符合学习者的视觉心理。

兼容性。可运行在不同设备、不同平台与不同应用环境上使用。

一致性。内容、外观、行为和操作具有内在的联系，并保持统一。

7.4　页面设计

页面设计建议竖屏，并要求微课件页面大小能自适应移动设备浏览器大小，并支持在移动设备上用手指滑动来控制课件的翻页，如前进和后退等。

正文字号建议为 11～14 号，标题字号建议为 26 号左右。字色与背景色要形成强烈的对比反差。字体推荐采用方正综艺简体、微软雅黑、黑体等字体，如果有特别需要，可以加粗。

图片质量不宜过高，能清晰显示即可。如图片过大，可考虑分解图片并分页显示，或设置为弹出模式。

视频画面清晰，色彩协调，无跳动、闪烁等现象。音量适中，语言流畅，无中断、显著噪声、失真等。

在页面设置“帮助”按钮，为学员提供基本的使用向导。

针对讲授内容设置数量合适的测试题。测试题的设置应遵循以下原则：多选择、点击、拖拽，少输入。以单项选择题及多项选择为主，另可设置拖拽题、配对题、热点题等客观题型，不宜设置主观题。

7.5　常用技术手段

(1)常用工具软件：Articulate、Lectora、几何画板、Adobe、flash、Camtasia

Studio、HTML5 制作工具等；

(2)常用设计语言：C＋＋、JAVA、C4droid、Objective-C、LOGO、VB 等。

8 运行环境

微课支持 O2O 学与教活动，适应不同平台、不同网络、不同工具、不同环境的应用。同时，支持非线性结构化、连续不间断、无处不在的“漫游式”碎片化学习模式。

8.1 硬件要求

CPU：主频 1GHz 或以上

内存：512MB 或以上

硬盘：30GB 或以上

声卡：集成声卡

显卡：集成显卡

网卡：有线网卡 100Mbps 及以上，无线网卡 11Mbps 及以上

8.2 软件要求

操作系统：Windows2000/XP/Vista/Win7，Android，IOS

浏览器：Internet Explorer 8.0 及以上版本，移动设备浏览器

9 课件测试及发布

微课件制作完毕，在发布供学员学习之前需要进行测试，测试通过后才可发布微课件。

9.1 课件成品

在保证课件讲授知识完整性的基础上，建议单个课件时长以 5～15 分钟为宜。

视频微课件发布为 MP4 格式。

互动微课件建议发布为 HTML 格式。

按《远程学习资源元数据建设规范》填写课件信息。

9.2 课件测试

主要测试课件内容是否可以正常播放，其中，视频微课件要在手机上播放流畅、音画同步；互动微课件在手机上播放时，文字、图片及动画等要能正常显示，测试题可正常提交，交互操作正常。

9.3 课件发布

在气象远程教育网发布的课件，在正式发布之前，必须先在远程教育培训系统的测试环境内进行导入和播放测试。测试通过后发布以供使用。

10 参考文献

[1] 吴疆. 微课程和多媒体课件设计与制作规范(2版)[M]. 北京：人民邮电出版社，2016.

11 附则

本《规范》由中国气象局气象干部培训学院负责解释。

中国气象远程教育网

气象远程精品网络课程建设规范

编号：QXYC2018020808

中国气象局气象干部培训学院

1　适用范围

本规范规定了气象行业远程精品网络课程建设的技术行为和制作要求。

本规范适用于气象行业远程学习资源的建设和管理。

2　适用对象

气象行业远程精品网络课程的开发者和管理者。

3　引用文件

《气象远程学习资源元数据规范》(编号:QXYC2018020801)

《气象远程视频课件制作技术规范》(编号:QXYC2018020803)。

《气象远程三分屏流媒体课件开发制作技术规范》(编号:QXYC2018020804)。

《气象远程云录播流媒体课件开发制作技术规范》(编号:QXYC2018020805)。

《气象远程网页课件开发制作技术规范》(编号:QXYC2018020806)。

《气象远程微课件开发制作技术规范》(编号:QXYC2018020807)。

4　术语和定义

下列术语和定义适用于本标准。

4.1　网络课程

Online Course

网络课程是指通过网络媒体表现的某学科的教学内容及实施教学活动的总和。

4.2　精品网络课程

quality online course

精品网络课程是指具有优秀的教师团队、优质的教学内容、精准的教学设计、精良的开发制作等特点的示范性网络课程。

5　设计原则

5.1　科学性

精品网络课程中所表达的知识要具有科学性,措辞严谨,行文流畅,按照知识的内在逻辑体系进行表现,符合学员的认知结构特点。

5.2 交互性

精品网络课程要有良好的交互性，能及时对学员的学习活动做出反馈。呈现的知识应该是可操纵的，而不是教材的电子搬家。

5.3 友好性

精品网络课程界面要美观，符合学员的视觉心理；设有导航栏目，操作要简单，不需要大量的预备技能；提示信息要详细、准确和恰当。

6 开发要求

6.1 课程构成要求

精品网络课程应包含教学大纲、课程内容（教材/讲义）、考试大纲、试题库等。

（1）教学大纲。应明确课程开设目的、教学内容、教学要求、教学重点、教学难点、课时安排等（详见附件1）。

（2）课程内容。课程内容符合课程目标的要求，科学严谨，课程结构的组织和编排合理，并具有开放性和可拓展性。

课程说明——说明整个课程的目标，说明课程所属领域范围、所针对的学习者群体、典型学习时间以及有关的教学建议等。

内容分块——按主题把内容逐级划分为合适的学习单元或模块，每个页面主题明确，每个段落意思集中。

内容目标一致性——课程内容与学习目标相一致，能涵盖各项学习目标，内容深度与学习目标相适应，重点突出，主次详略得当。

（3）考试大纲。考试大纲应明确考试目标、考试对象、考试范围、考试内容及要求、试卷结构与题型等（详见附件2）。

（4）试题库。试题库应严格按照考试大纲要求，根据需要学员对知识点的掌握程度编制试题，具体要求详见《气象远程培训试题库建设规范》（编号：QXYC2018020812）。

6.2 教学设计要求

教学设计要求学习目标、教学过程与策略以及学习测评等设计合理。

（1）学习目标——各学习单元都有明确具体的学习目标。

（2）学习控制——在学习过程中，学员能按照自身的需要对学习环境进行个性化定制，控制学习进程，选择和组织学习内容。

（3）内容交互——课程提供充分的交互机会，引发学员对学习内容的积极投入、操纵和思考。

（4）媒体选用——适当运用文本、图表、图像、音频、视频、动画等媒体形式来表现课程内容。

（5）实例与演示——针对主要课程内容提供有关的实例和演示，在需要时提供多种变式，以促进学员对知识的理解。

（6）练习或测验——提供不同层次的练习或测验，让学员应用新获取的知识与技能，并能得到有意义的反馈。

6.3　界面设计要求

界面设计要求风格统一，协调美观；设有导航栏目，操作简单；提示信息详细、准确，功能完备。

（1）屏幕布局——屏幕设计简洁美观，文本、图形等可视元素搭配协调得当。

（2）易识别性——课程中的文字、图形等对象的大小合适，颜色对比适当。

（3）导航与定向——无需特殊帮助就可轻松地操作导航路径，自如地访问课程的各个模块，并能确认当前位置。

（4）操作帮助——针对课程的操作使用、运行环境等提供明确完整的指导说明。

6.4　文档资料要求

需要提供网络课程使用说明和课程描述文件等文档资料，参见《气象远程三分屏流媒体课件开发制作技术规范》（编号：QXYC2018020804）

7　参考文献

［1］　武法提．论网络课程及其开发［J］．开放教育研究，2006(12)．

［2］　王鹏，王秋芳．国家精品课程评审指标体系的变化研究［J］．现代教育科学（高教研究），2010(1)．

[3] 胡俊杰,杨改学,魏江明,杨永亮.国家精品课程对精品视频公开课建设的启示——基于对2003—2010国家精品课程的调查引发的思考[J].中国远程教育(综合版).2014(6).

[4] 陈耀华.基于互联网思维的国家精品视频公开课优化研究[J].中国电化教育,2017(8).

8 附件

附件1

《××××课程》教学大纲

一、课程开设目的

二、主要教材及参考书

三、基本要求(含本课程与其他有关课程的联系和分工)

四、教学内容和教学要求

第一章:

1.教学内容(具体到知识点)

2.教学要求

3.教学重点

4.教学难点

第二章:

……

五、其他教学环节的必要说明(可选)

六、课时安排

附件2

《××××课程》考试大纲

一、考试目标

二、考试对象

三、考试范围

四、考试内容及要求

第一章:

1.考试内容(具体到考核知识点,不能照搬教学内容)

2. 考试要求

第二章：

……

五、试卷结构与题型

1. 试卷结构

（例如：试题题型为单项选择题、多项选择题、判断题、填空题、简答题，其中单项选择题 40%，多项选择题 25%，判断题 20%，填空题 10%，简答题 5%。）

2. 内容结构

（例如：试卷分数满分为 100 分。其中第一章比例为 5%，第二章比例为 15%，第三章比例为 23%，第四章比例为 22%，第五章比例为 10%，第六章比例为 5%，第七章比例为 20%。）

3. 考试方式与时间

（例如：考试方式：在线考试。考试时间：60 分钟。）

9　附则

本《规范》由中国气象局气象干部培训学院负责解释。

中国气象远程教育网

基层岗位能力素质培训模块化课程配套课件制作技术规范

编号:QXYC2018020809

中国气象局气象干部培训学院

1 适用范围

本规范规定了基层岗位能力素质培训模块化课程配套课件建设者的开发行为和制作要求。

本规范适用于气象行业远程学习资源的建设和管理。

2 适用对象

气象行业基层岗位能力素质培训模块化课程配套课件的开发者和管理者。

3 引用文件

《气象远程学习资源元数据规范》(编号:QXYC2018020801)。

《气象远程视频课件制作技术规范》(编号:QXYC2018020803)。

《气象远程云录播流媒体课件制作技术规范》(编号:QXYC2018020805)。

4 术语和定义

下列术语和定义适用于本规范。

4.1 基层岗位能力素质培训模块化课程

modular courses of job-qualification for staff in county-level departments of CMA

本规范中的基层岗位能力素质培训模块化课程是面向全国气象部门基层综合业务岗位人员能力素质培训的模块式课程,涵盖公共气象服务、气象预报预测、综合气象观测、信息网络、气象综合管理等业务领域,使基层人员能够按需选择学习,从而达到从事基层综合业务岗位工作的能力素质要求。

5 制作技术要求

5.1 课件录制要求

(1)课件制作应统一使用云录播系统作为录播终端。

(2)课件中 PPT 页面应在色彩、结构、风格上保持一致,页面分辨率需要设置成 1280P×720P(16∶9)分辨率。

(3)主讲教师姓名、资源简介要填写清楚;

(4)课件录制模式为资源模式,帧率 25fps,码流 1Mbps;

(5)PPT 排版及教师授课应严格按照《气象远程云录播流媒体课件制作技术规范》(编号:QXYC2018020805)要求进行规范建设。

5.2 课件编辑及发布要求

(1)单个课件索引按内容进行划分,以不超过 5 条为宜;

(2)视频编辑码流大小设置为 512Kbps;

(3)按知识点或章节进行划分,单个课件时长以 5～50 分钟为宜;

(4)填写课件包信息(课程名称、主讲人、课程描述等)需按照《气象远程学习资源元数据规范》(编号:QXYC2018020801)的要求进行填写;

(5)课件生成时仅保留一路视频;

(6)采集编辑后打包发布的课件是标准的 SCORM 1.2 版本,并打包成 zip 文件。

5.3 课件输出要求

按照中国气象局气象干部培训学院的基层岗位能力素质培训模块化课程统一资源类别对课件资源进行分类。

按照中国气象局气象干部培训学院统一要求对课件成品进行上传使用。

6 附则

本《规范》由中国气象局气象干部培训学院负责解释。

中国气象远程教育网

气象仪器装备
虚拟仿真实训系统
开发技术规范

编号：QXYC2018020810

中国气象局气象干部培训学院

1 适用范围

本规范规定了气象行业仪器装备类虚拟仿真实训系统开发的技术行为和制作要求。

本规范适用于气象行业远程学习资源的建设和管理。

2 适用对象

气象行业仪器装备类虚拟仿真实训系统的开发者和管理者。

3 引用文件

《气象远程学习资源元数据规范》(编号:QXYC2018020801)。

《气象远程三分屏流媒体课件开发制作技术规范》(编号:QXYC2018020804)。

4 术语和定义

下列术语和定义适用于本标准。

4.1 虚拟现实技术

virtual reality

虚拟现实技术是仿真技术的一个重要方向,是仿真技术与计算机图形学、人机接口技术、多媒体技术、传感技术、网络技术等多种技术的集合,是一门富有挑战性的前沿学科和研究领域。虚拟现实技术(VR)主要包括模拟环境、感知、自然技能和传感设备等方面。

4.2 虚拟仿真实训系统

virtual simulation training system

网络课程中的一种表现形式,即利用虚拟现实技术创建一种互动性和体验感极强的虚拟环境,实现三维动态视景和实体行为的模拟仿真,是一种多源信息融合的交互式软件系统。

4.3 三维模型

three-dimensional model

三维模型是物体的多边形表示,通常用专业的三维建模工具软件生成。

4.4　纹理贴图

texture map

纹理贴图是将纹理空间中的纹理像素映射到屏幕空间中的像素的过程。通常就是把一幅图像贴到三维物体的表面以增强真实感，结合光照计算、图像混合等技术可以形成非常美观的效果。

4.5　渲染烘焙

rendering baking

渲染烘焙通常是指采用专业三维制作软件将模型生成图像的过程，它包括几何、纹理以及照明信息等。

5　虚拟仿真实训系统开发要求

5.1　系统总体要求

(1)在实现基本要求功能前提下，系统硬件配置应尽量简单。

(2)有足够的系统资源以满足设计要求。

(3)充分满足虚拟仿真培训系统运行的实时性要求。

(4)硬件系统选用设备的，性能指标要相匹配。例如：计算速度、传输速度等。

(5)硬件设备要考虑留有适当的冗余量，以备扩充。

(6)尽量采用同一系列的产品，以减少备品备件数量。

(7)系统要便于安装、维修、扩充，并具有自检及自诊断功能。

(8)网络通信采用国际标准的 TCP/IP 网络协议。

(9)系统具备与外网联网能力。

(10)系统具备可扩展性，在需要时可增加节点及接口。

5.2　系统结构要求

虚拟仿真实训系统在总体架构上(图 1)按照自由学习、虚拟实训、虚拟考核的三种模式进行统一设计。

5.2.1　自由学习

自由学习模式下应提供文档资料、动画视频、自测试题等多种辅助学习资料，并支持三维虚拟引导、三维操作流程演示、操作流程讲解、错误操作提

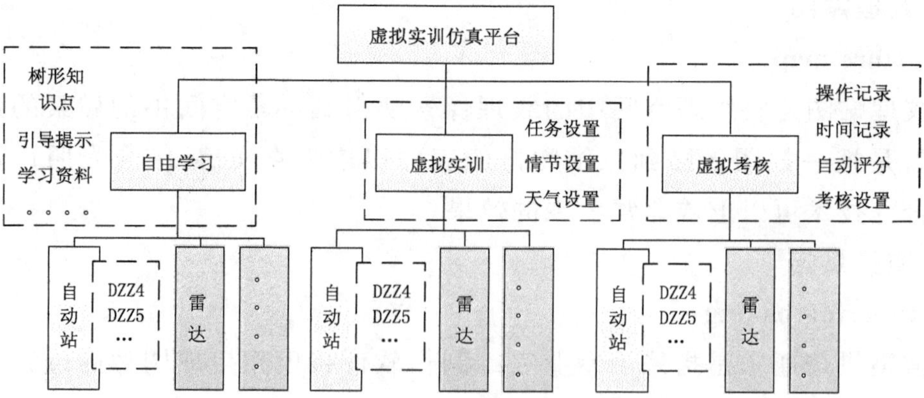

图 1　虚拟仿真实训系统总体架构图

示等功能，从而保证学员能够便捷、有效地进行学习，掌握基本的操作流程和规范。

5.2.2　虚拟实训

虚拟实训模式下应屏蔽所有操作提示和辅助学习资料等功能，要求学员根据已掌握的知识独立完成教师布置的特定任务，同时提供操作记录、操作计时、操作统计等功能，帮助学员评估自身的学习状况，为最终的虚拟考核提供练习机会。

5.2.3　虚拟考核

虚拟考核下应增加自动评分功能，要求学员在规定的时间内完成所有考核任务，并根据学员的操作情况进行打分。每一次的操作均被记录，错误操作将会影响最终分数，操作步骤和考核分数都将存储在数据库中，供教师和管理员进行后续的统计分析。

5.3　功能要求

5.3.1　课程管理

系统应按照课程、任务、知识点的三级架构体系组织虚拟实训课程。其中，知识点作为最基本的培训内容，由每种仪器装备的结构、工作原理、安装拆卸、运行监控、维护保养、故障排除等内容组成。教师可以根据不同的知识点灵活布置任务，最后由管理员挑选一个或多个教师布置的任务来组织发布课程。

5.3.2　用户管理

系统应分为学员、教师、管理员三类用户，用户数据库应兼容气象远程教育平台的基本人员数据库。

学员：基本的学习功能、学习情况查询功能等。

教师：教学管理功能、教学任务设置功能、教学情况统计分析功能等。

管理员：用户管理，权限管理，目录设置，课程管理，资源管理（图文、音视频、3D资源的上传、下载、分类、共享、发布）等系统设置服务。

5.3.3　数据接口

系统的数据接口设计应与气象远程教育网之间的数据共享同步，如各类学习数据、实训考核数据以及统计数据等。

5.3.4　交流互动

系统应支持在线交流互动功能，学员在线提问，由教师在线进行答疑，并可与现有气象远程教育网的论坛功能无缝对接。

5.4　技术要求

5.4.1　三维模型

三维模型的设计和制作应当遵循规范的三维模型设计规则，执行统一的模型类名命名规则。使用现实世界的尺寸单位，以“米”作为三维建筑模型的单位尺寸。确保三维模型以四边形为主，在需要的地方辅以三角形、没有四边形以上的多边形、按照真实比例创建、没有重叠的面、法线方向一致等。

5.4.2　纹理贴图

三维模型的贴图尺寸必须为 $2^n \times 2^n$，如像素 256×256（$2^8 \times 2^8$），512×256（$2^9 \times 2^8$），512×128（$2^9 \times 2^7$）。不能出现不规则贴图尺寸，例如像素 487×376、3072×2035 等等。重点模型的贴图可以用像素 1024P×1024P、2048P×2048P（此为可用的最大尺寸），其他控制在像素 512P×512P 以内。存储时要将贴图品质设为最佳分辨率 72 像素/英寸。常规贴图用 jpg 格式的图片，贴图品质为12(最佳)。透明贴图用png或带通道的tga格式的图片。物体为纯色的贴图大小不得超过16P×16P,用色上避免饱和度高的色彩,不可使用百分百的白色或黑色。贴图材质与纹理的精度,尽量保持同一个模型清晰度与细节度统一。

5.4.3　烘焙规范

三维模型的烘焙贴图的尺寸要用1024P×1024P,其余用512P×512P及以下的尺寸。合理拆分烘焙贴图的UV,使UV占整张贴图的80%以上。如有细而且长的物体,要把模型分成几段后自动展开UV。若主要模型烘焙出来的模型光影不清晰、细腻,就把单个物体适当拆分成几个物体,再进行单独烘焙。拆分的物体数量随光影清晰度而定。

5.4.4　实时性指标

为保证虚拟仿真实训系统的网络算法、模型运算及对操作响应的实时性,选择的模型与算法应尽可能快,所有系统应尽可能优化程序,占用资源少,有足够的实时响应速度。

6　素材格式要求

素材格式应严格按照《气象远程培训素材库建设规范》(编号:QXYC2018020802)要求进行规范建设。

7　系统测试要求

系统测试要求涵盖三个方面:

(1)系统导入测试,主要测试系统是否符合气象仪器装备虚拟仿真实训平台的系统打包及导入要求;

(2)系统跟踪测试,主要测试标准系统是否符合气象仪器装备虚拟仿真实训平台的标准系统跟踪要求;

(3)系统内容及功能测试,主要测试系统内容是否可以正常浏览,要求系统内容符合系统结构要求,所有系统功能正常,无缺失、无错误;

系统在交付之前,应先在本地环境(气象仪器装备虚拟仿真实训平台测试环境)中进行严格测试,确保课件的质量。

系统在正式发布使用前，必须先在气象仪器装备虚拟仿真实训平台测试环境内进行导入和运行测试，测试通过后，才可上传到平台以供使用。

8 系统文档资料要求

为了保证在系统出现问题或需要变更时，能及时了解系统的相关信息并联系到系统提供单位及相关技术人员，要求系统提供方在提供系统内容时，一并提交系统的开发文档、使用说明文档等相关资料。并且保证系统说明文档中的开发单位联系人和技术支持人员的稳定性和信息的准确性，如有变动须及时更新。

应提供虚拟仿真实训系统的全部资料，所有资料应与虚拟仿真实训系统一一对应，完全有效，而不应只提供一般性说明。

资料应足够完整详细，足以支撑虚拟仿真实训系统的使用、维护、修改、扩充、开发等项要求。

所有文件真实可靠、格式规范、术语准确无异义、前后一致。

应提供虚拟仿真实训系统所有软件开发的相应资料。

提供的全部资料应主要用中文编写。

所有资料按顺序统一编号，装订成册。

文件资料的电子版与纸质版一并提供。

提供所有资料名称和编号的清单。

9 虚拟仿真实训系统运行环境

操作系统：Windows2000/XP/Vista/Win7 及以上版本。

插件：Unity3D WebPlayer3.0 及以上版本、Windows Media Player 9.0 及以上、Flash Player 9.0 及以上、JRE1.5 及以上版本。

浏览器：Internet Explorer 8.0 及以上版本。

课件显示分辨率：1024P×768P 及以上分辨率。

10 附则

本《规范》由中国气象局气象干部培训学院负责解释。

第四部分

气象远程培训案例编写技术规范

中国气象远程教育网

气象远程培训
案例编写技术规范

编号：QXYC2018020811

中国气象局气象干部培训学院

1　适用范围

本规范规定了气象行业远程教育培训案例建设的技术行为和制作要求。

本规范适用于气象行业远程学习资源的建设和管理。

2　适用对象

气象行业远程教育培训案例的开发者、使用者和管理者。

3　术语和定义

下列术语和定义适用于本标准。

3.1　案例

cases

案例是指人们对生产生活中的典型而富有意义的事件的有意截取和陈述。案例对于人们的学习、研究、生活借鉴等具有重要意义。基于案例的教学是通过案例实施有针对性的教育,提高人们的系统思维能力。

4　内容要求

4.1　案例选题原则

(1)典型性——事例典型,有较强的代表性,具有特色,对其他单位具有指导或警示作用,并有利于得出预期的规律、结论,便于借鉴、操作和推广应用。

(2)客观性——如实反映事件、决策、管理方法等,内容及背景材料真实,所提供的数据及描述准确,查摆问题和得出结果客观,突出做法、经验、技巧、体会等内容,但不是简单的经验汇报。

(3)先进性——能体现本单位相关业务和管理的先进水平,立意新颖,独立创作。

4.2　其他要求

(1)在编写案例时,应就事实客观描述,不应写入带主观色彩的评价性语言。

(2)严禁出现非法、违禁内容;注意知识产权保护,引用内容要标注出处。

(3)案例中不宜公开表述的人或单位名称可以用虚拟名称表示,但案例的内容必须真实。

(4)在案例分析和描述中,正文内不便展开的内容,可根据需要以附件形式列出(如图片、原始数据图表、公式推导、计算程序及说明等)。

(5)案例正文中如果引入他人资料,应注明来源,文责自负。

(6)案例字数原则上每篇控制在 1000～5000 字。

5　案例设计要求

5.1　结构安排要求

一个完整案例应包括以下部分:案例主题、案例摘要、案例正文、讨论题、案例附件、教学指导六个部分。

(1)案例主题。包括案例题目、作者、单位。“案例题目”指案例的名称,一般以案例本身的事件为题目,或用一句话提出本案例针对的问题。“案例题目”一般不超过 20 个字;案例作者应为真正参与案例开发、编写、授课的教师姓名,避免挂名;案例文本执笔人为第一作者。

(2)案例摘要。字数在 500 字以内,简述案例的资料来源、编写过程,必要时叙述案例事件发生的背景。简要概括案例文本的主要内容。指出案例适用于或已用于哪类培训中。

(3)案例正文。案例正文应为保持客观性描述。

(4)讨论题。在课堂讨论问题的基础上,授课教师根据教学情况,修改完善。

(5)教学指导。包含适用对象、教学目标、要点分析、课时安排等内容。

(6)案例附件。选择与案例紧密相关的材料作为附件,1～2 个为宜。

5.2　字体及格式要求

案例的排版格式统一采用 A4 页面,页边距上、下、左、右均设为 2.5cm,行距设为多倍行距 1.25 倍,案例标题字体为黑体 3 号,正文字体均为宋体 5 号。

5.3　图片要求

制作案例时,应选择与内容相符且尽可能高质量的图片。

6　案例描述文件

参见《气象远程视频课件制作技术规范》(编号:QXYC2018020803)提供案例描述文件。

7　附则

本《规范》由中国气象局气象干部培训学院负责解释。

第五部分

气象远程培训试题库建设规范

中国气象远程教育网

气象远程培训
试题库建设规范

编号：QXYC2018020812

中国气象局气象干部培训学院

1　适用范围

本规范规定了气象行业远程教育培训试题库建设的技术行为和制作要求。

本规范适用于气象行业远程学习资源的建设和管理。

2　适用对象

气象行业远程教育培训试题的开发者、使用者和管理者。

3　术语和定义

下列术语和定义适用于本标准。

3.1　试题

Questions

考试的题目。

3.2　主观题

subjective questions

包括填空题、简答题、论述题。

3.3　客观题

objective question

包括单项选择题、多项选择题、是非判断题。

4　试题内容要求

(1)试题内容应按照考试大纲要求，覆盖所有知识点。

(2)重点要求掌握的内容应适当增加题目比重。

(3)客观题应覆盖所有知识点。

(4)每个知识点对应题型尽量多样化。

(5)各类客观题要内容不重复。

5　试题数量要求

每万字教材至少对应50道。

6 试题格式要求

6.1 试题格式

试题采用 Excel 文件编写，格式如表 1 所示。

表 1 试题 Excel 文件编写格式

题型 *	题干 *	描述	答案 *	试题分数 *	知识点 *	试题难度 *	试题区分度	认知分类 *	答题时间（分钟）	出题人	选项 A	选项 B	选项 C	选项 D	选项 E

6.2 说明

（1）带星号 * 的为必填项。

（2）题型：题型名称与在线考试系统中的题型名称一致。不支持阅读理解类型试题的导入，通过在培训系统中手工录入完成。

（3）题干：试题内容。

（4）描述：试题描述。

（5）正确答案：单选题、多选题、判断题的答案只能为选项中字母 ABCDE 等，必须为英文字母，不可用全脚字母。填空题的多个答案使用“##”分隔，备选答案之间用“|”分隔。

（6）试题分数：试题的参考分数。

（7）知识点：多个知识点使用半角逗号分隔。要与教学大纲、考试大纲一致。

（8）试题难度：包括难、较难、中、较易、易，输入难度对应的数字。不填写，默认值：中。

（9）试题区分度：包括优、良、中、较差、差，输入区分度对应的数字。不填写，默认值：中。

（10）认知分类：包括熟练掌握、掌握、理解、了解，输入认知分类对应的数字。不填写，默认值：掌握。要与教学大纲、考试大纲一致。

（11）答题时间：如不填写，默认值为 1。

（12）选项：判断题型，选项 A 选项 B，为必填项。单选、多选题型，至少填写 2 个选项。最多可填写 11 个选项。如果中间某个选项输入内容为空，后面的选项即使有内容，系统不予导入。其他题型，不用填写选项。

(13)所有输入的文字只允许自动换行，不允许敲回车键进行换行。

试题的编制格式及具体内容的填写如表 2 所示。

7　附则

本《规范》由中国气象局气象干部培训学院负责解释。

表 2 试题示例

题型＊	题干＊	描述	答案＊	试题分数＊	知识点	试题难度	试题区分度	认知分类	答题时间（分钟）	出题人	选项 A	选项 B	选项 C	选项 D
单项选择题	（ ）是表示测量结果与被测量真值的一致程度。		A	1.0		中	差	了解	1.0		准确度	测量范围	平均时间	采样频率
多项选择题	下列描述中，（ ）属于自动气象站测量的好处。		A B C D	2.0		易	差	掌握	1.0		减少人为误差	满足新的观测需要和要求	通过新技术的使用来增加观测的可靠性	通过对观测技术的标准化来保证观测站网的均一性
简答题	地面气象观测仪器的一般要求有哪些？	正确答出4条以上即可得满分	(1)应具有国务院气象主管机构业务主管部门颁发的使用许可；(2)准确度满足规定的要求；(3)可靠性高，保证获取的观测数据可信；(4)仪器结构简单、牢靠耐用，能维持长时间连续运行；(5)操作和维护方便，具有详细的技术及操作手册。	7.0		难	差	了解	1.0					
填空题	______是指待测量的量值保持不变的情况下，测量仪器的技术性能特征。		1:静态特性	1.0		易	差	掌握	1.0					

附录　术语汇总

1.1　**元数据**

metadata

用于描述学习资源、数据对象、学习技术系统构件特性的结构化数据。

1.2　**课件**

courseware

在一定的学习理论指导下，根据教学目的设计的、反映某种教学内容与教学策略的计算机软件。

1.3　**课程**

course

为一个或多个学习者使用而设计的一个完整的教学单元，为它们形成在某一学科的学力或某一套相关任务的能力而提供必要的知识或技能。它可能包含若干课件、测验和相关的学习目标，也可能是某课程体系的一部分。

1.4　**必须数据元素**

mandatory data element

在数据结构中被定义并且必须在数据结构实例中出现的数据元素。

1.5　**可选数据元素**

optional data element

在数据结构中被定义但具体事例不一定需要的元素。

1.6　**值**

value

数据元素数据的取值。与数据元素相关的资料，可作为与其相等的符号，也称数据元素值。

2.1　**素材**

material

多媒体课件中用到的各种听觉、视觉材料。

2.2 多媒体

multimedia

多种媒体的综合，一般包括文本，声音和图像等多种媒体形式。

2.3 素材库

material library

素材库是指制作多媒体课件的备用资料库，包括完整的、片段的素材的集合。

2.4 脚本

script

指制作音视频、动画、混合型素材等所依据的底本或书稿的底本。

2.5 交互

interactive

交互，即交流互动，为互联网平台的一种功能状态。通过具有交互功能的互联网平台，让用户在上面不仅可以获得相关资讯、信息或服务，还能使用户与用户之间或用户与平台之间相互交流与互动，从而激发出更多的创意、思想和需求等。

2.6 媒体

media

媒体是指传播信息的媒介。它是指人借助用来传递信息与获取信息的工具、渠道、载体、中介物或技术手段。也可以把媒体看作为实现信息从信息源传递到受信者的一切技术手段。

2.7 关键词

key word

特指单个媒体在制作使用索引时，所用到的词汇。

2.8 分辨率

resolution

单位英寸中所包含的像素点数。

2.9 颜色数

number of colors

指明图形/图像的颜色数或灰度级。

2.10　GB 码

GB code

即国家标准代码，简称国标码。

2.11　ASCII 编码

ASCII encoding

ASCII(American Standard Code for Information Interchange，美国信息交换标准代码)是基于拉丁字母的一套电脑编码系统，主要用于显示现代英语和其他西欧语言。它是现今最通用的单字节编码系统，并等同于国际标准 ISO/IEC 646。

3.1　单机版课件

stand-alone courseware

单机版课件是指仅能单机运行的多媒体课件。

3.2　网络版课件

Web-based multimedia courseware

网络版课件是指在网络上发布运行的多媒体课件。基于 Internet 传输的、包括流媒体格式的视频信息的网络课件统称为网络版课件。其主要分类有：(1)纯音、视频流媒体课件；(2)三分屏流媒体课件；(3)一般网络课件。

3.3　一般网络课件

general network courseware

一般网络课件是指利用 Web 技术，基于 B/S 模式开发、能在 Internet 或 Intranet 上发布、运行的，综合运用音频、视频、图文、动画以及虚拟现实等技术制作，具有交互性而用于教学的多媒体课件。其本质是一种 Web 应用程序。

3.4　比特率

bit rate

比特率是指在单位时间(常以秒计)内传输的平均比特数。单位为 bps (bit per second)。

3.5　视频比特率(码流)

video bit rate

视频比特率是指图像的传送指标。比特率的高低决定了视频传送的数据量和视频质量。比特率越高，传送的数据越大，视频质量越好。

3.6 关键帧

key frame

角色或者物体运动或变化中的关键动作所处的那一帧。

3.7 帧率

frame rate

用于测量显示帧数的量度。所用的测量单位为：帧每秒（frames per second，fps）或"赫兹"（Hz）。

3.8 屏幕分辨率

screen resolution

确定计算机屏幕上显示多少信息的设置，以水平和垂直像素来衡量。

4.1 流媒体课件

streaming media courseware

采用流式传输的方式在 Internet 或 Intranet 上播放的媒体格式课件。

4.2 纯音、视频流媒体课件

pure audio and video streaming courseware

纯音视频流媒体课件是指采用流媒体技术压缩音视频后直接在网上传播的多媒体课件，是单纯的音频、视频课件。

4.3 三分屏流媒体课件

three-part-separated screen streaming courseware

三分屏流媒体课件是指应用流媒体技术压缩音视频，结合网页及其他多媒体形式来展现教学内容的一种讲授型多媒体课件。

屏幕被分成三部分，一部分表现教学音视频，一部分表现图文讲稿，另一部分表现课程索引及版权信息，可以实现学习内容的跳转。

5.1 SCORM 课件

SCORM（Shareable Content Object Reference Model），译作共享内容对象参考模型或共享组件引用模式，由 ADL（Advanced Distribution Learning Initiative）集成各个学习标准制定而成。对数字内容教材的制作、内容开发提供一套共通的规范。ADL 项目的主旨是在美国联邦政府各个部门、企业、军事、教育和培训机构之间协同合作，为模块化网上教育内容和有关的工具创造业务和市场。美国政府在制定 SCORM 时，特别强调不再重新研发轮子（Don't reinvent the wheel）。意思是不会提出新的规格，而是把重点放在提出集成现有 E-learning 规范的架构模型。SCORM 的演进由 SCORM 1.0，SCORM 1.1，SCORM 1.2 到 SCORM 2004。

5.2 **课件索引**

courseware index

指将课件中具有检索意义的事项（知识点、词语、概念或其他事项）按照一定方式有序编排起来，以供快速定位。

5.3 **云录播流媒体课件**

cloud recorded broadcast streaming media courseware

特指气象远程培训系统云录播环境下制作完成的流媒体课件。

6.1 **网页课件**

Web courseware

本规范中特指的网页课件是根据教学大纲的要求和学习的需要，经过严格的教学设计，对一个或多个知识点实施相对完整教与学，并且通过网络进行发布的辅助学习软件。

6.2 **AICC 标准**

AICC standard

AICC（The Aviation Industry CBT Committee）即航空工业 CBT（计算机辅助培训）委员会，它是一个国际性的培训技术专业性组织。AICC 从使用者角度提出 CMI 规范。AICC 标准主要是基于 HACP 3.5 版本。

6.3 **Flash 课件**

flash courseware

以 Flash 为表现手段，通过文字、图片、动画、音视频相结合而成的课件。

6.4 **电子书类课件**

E-book courseware

以文字、图片辅助说明为主的课件。

6.5 **脚本**

script

本规范中特指课件设计与实现的依据，包括设计脚本和制作脚本两部分。

6.6 **设计脚本**

design script

设计脚本包括教学目标分析、教学内容和知识点的确定与分类、学习者特征分析、学习模式选择、学习环境与情景创设、教学策略选择、媒体的选择与设计等。

6.7　制作脚本

production script

制作脚本是在设计脚本的基础上，依据先进的教学设计思想，将文本改编成适于计算机表现的形式，完成交互式页面的设计和媒体表现方式的设计。

7.1　微课程

micro-course

微课程是指针对某个知识点/技能点（如重点、难点、疑点、考点等）或教学环节（如学习活动、过程、实验、任务等）而精心教学设计和开发的一种短小精悍的、支持多种学习方式的微型在线网络课程。

7.2　微课件

micro courseware

微课件是指运用信息技术按照认知规律，呈现碎片化学习内容、过程及扩展素材的结构化数字资源。

7.3　视频微课件

video micro courseware

视频微课件是指以教学视频为主要载体的微课件。

7.4　互动微课件

interactive micro courseware

选用工具软件或设计语言呈现教学内容，可输出为独立可运行且具有交互性的微课件。

7.5　移动学习

mobile learning

移动学习是指利用移动设备能够在任何时间、任何地点发生的学习。

7.6　**HTML5**

HTML5 是指万维网的核心语言、标准通用标记语言下的一个应用超文本标记语言（HTML）的第五次重大修改。HTML5 具有可读、可编辑、可搜索、自适应设计以及基于地理定位的应用等优点。

8.1 网络课程

online course

网络课程是指通过网络媒体表现的某一门学科的教学内容及实施的教学活动的总和。

8.2 精品网络课程

quality online course

精品网络课程是指具有优秀的教师团队、优质的教学内容、精准的教学设计、精良的开发制作等特点的示范性网络课程。

9.1 基层岗位能力素质培训模块化课程

modular courses of job-qualification for staff in county-level departments of CMA

本规范中特指的基层岗位能力素质培训模块化课程是针对全国气象部门基层岗位培训需求复杂、变化更新快、地域差异大等特征，面向基层综合业务岗位人员，涵盖基层公共气象服务、气象预报预测、综合气象观测、信息网络与资料应用及气象综合管理等业务领域的一系列模块化课程，使基层人员能够按需选择学习可灵活拼装组合的若干课程，达到从事基层综合业务岗位的能力素质要求。

10.1 虚拟现实技术

virtual reality

虚拟现实技术是仿真技术的一个重要方向，是仿真技术与计算机图形学人机接口技术、多媒体技术、传感技术、网络技术等多种技术的集合是一门富有挑战性的交叉技术前沿学科和研究领域。虚拟现实技术(VR)主要包括模拟环境、感知、自然技能和传感设备等方面。

虚拟仿真(virtual reality)意同：虚拟现实。简称 VR 或称灵境技术。

10.2 虚拟仿真实训系统

virtual simulation training system

网络课程中的一种，其利用虚拟现实技术创建一种互动性和体验感极强的虚拟环境，实现三维动态视景和实体行为的模拟仿真，是一种多源信息融合的交互式软件系统。

10.3 三维模型

three-dimensional model

三维模型是物体的多边形表示，通常用专业的三维建模工具软件生成。

10.4 纹理贴图

texture map

纹理贴图是将纹理空间中的纹理像素映射到屏幕空间中的像素的过程。通常就是把一幅图像贴到三维物体的表面上来增强真实感，可以和光照计算、图像混合等技术结合起来形成许多非常漂亮的效果。

10.5 渲染烘焙

rendering baking

渲染烘焙通常是指用专业的三维制作软件从模型生成图像的过程，它包括几何、纹理以及照明信息等。

11.1 案例

cases

是指人们在生产生活当中所经历的典型的富有多种意义的事件陈述。它是人们所经历的故事当中的有意截取。案例对于人们的学习，研究，生活借鉴等具有重要意义。基于案例的教学是通过案例向人们传递有针对性的教育意义的有效载体。因此，人们常常把案例作为一种工具进行说服，进行思考，进行教育。

12.1 试题

questions

考试的题目。

12.2 主观题

subjective questions

包括填空题、简答题、论述题。

12.3 客观题

objective question

包括单项选择题、多项选择题、是非判断题。